오븐엔조이 홈베이킹

미호

4인 4색 홈베이킹 이야기

미애's story blog.naver.com/kim06166

쿠키나 빵, 케이크는 당연히 사 먹는 것이라고 생각했던 제가 지금은 쿠키와 케이크, 발효빵까지 집에서 직접 만들어 먹게 되었습니다. 우연한 기회에 오븐이라는 낯선 주방 기구가 생기면서 처음 용기를 내어 만들어본 것이 바로 초코칩쿠키였는데 완성했을 때의 그 감동이란 이루 말로 표현할 수 없을 정도였죠. 어렵지 않게 쿠키를 만들 수 있다는 것이 놀라웠고 밖에서 사 먹는 쿠키 못지않게 맛있다는 것에 또 한번 놀랐지요. 그 후, 저의 생활은 참 많이 바뀌었습니다. 매일매일 빵 굽는 여자가 되었거든요.

홈베이킹과 함께 자연스럽게 블로그도 시작하게 되었습니다. 레시피 정리와 소소한 일상 이야기로 시작한 블로그에는 점점 베이킹에 대한 이야기가 많아졌지요. 소심하고 내성적인 성격이었던 제가 뒤늦게 시작한 베이킹으로 인해 세상의 많은 사람들과 소통할 기회가 생겼고 그 것은 새로운 나를 발견할 수 있는 소중한 시간이었습니다. 어쩌면 베이킹은 제 인생에 있어 커다란 터닝포인트가 된 것 같아요.

이 책에는 4명의 블로거들이 초보 때부터 다양한 실수를 통해 터득한 저마다의 베이킹 노하우와 블로그 이웃이나 쿠킹 클래스 학생들이 특히 궁금하게 여기는 것들이 모두 담겨 있습니다. 저는 이 책에서 건강한 재료로 간단하게 만들 수 있는 발효빵을 제안했는데요. 아직 부족한 점이 많지만 이 책이 예전의 저처럼 베이킹을 처음 시작하는 분들께 작은 도움이 되었으면 합니다.

김미애_우연히 구입한 미니 오븐 때문에 네이버 카페 〈오븐엔조이〉를 알게 되면서 본격적으로 베이킹의 세계에 발을 들여놓게 되었다. 그녀가 4년째 운영 중인 개인 블로그 〈미애's Diary〉는 꼼꼼하고 친절한 베이킹 과정 사진과 설명으로 베이커들에게 큰 인기를 끌고 있다. 『서울신문』과 『월간 파티시에』 등에 요리 칼럼을 기고했고 현재는 컨벡스 쿠킹 클래스의 강의를 맡고 있으며 '오븐엔조이'의 〈똑똑한 베이킹 톡〉 코너에 웹 칼럼을 연재하고 있다.

바닐라's story blog.naver.com/byvanilla

결혼을 하고 그저 신랑의 간식을 만들어주겠다는 마음으로 가볍게 시작한 베이킹. 처음에는 베이킹에 대한 지식이 없어 손에 잡히는 책을 보고 무작정 따라 했습니다(그때는 요즘처럼 초보자를 위해 친절하게 설명하는 책이 거의 없었고 그야말로 전문가용 책이어서 이해하기도 힘들었어요). 너무 딱딱해서 먹기 힘든 과자, 작고 질긴 케이크 등 사랑의 힘으로만 먹을 수 있는 결과물을 만든 적도 많았지만 지금은 저의 레시피를 따라 해보신 분들이 맛있다는 칭찬도 해주시고, 그 덕분에 베이킹 강의까지 할 수 있게 되었습니다.

여러분도 두려움을 접고 만만한 메뉴를 골라 직접 한번 만들어보세요. 그리고 그 다음에는 조금 넉넉하게 구워 고마운 분들께 선물하는 거예요. 그저 리본 하나만 묶어도 정말 훌륭한 선물이 완성된답니다. 소중한 사람들과 함께 나눠 먹는 즐거움은 말로 다 표현할 수 없는 행복이지요. 선물 받은 분들이 되돌려주시는 칭찬 또한 베이킹을 자꾸만 다시 하게 만드는 묘한 마력이랍니다.

저는 이 책에서 쿠키를 중심으로 한 파트를 구성했습니다. 트랜스지방이나 멜라민 등 먹을거리 걱정 때문에 홈메이드 간식을 준비하는 엄마나 특별한 선물을 준비하고자 하는 사람들에게 도움이 될 수 있는 다양한 베이킹 팁과 선물 포장법 등을 담았어요. 처음에는 책을 그대로 따라해보고 어느 정도 자신감이 붙으면 여러분만의 스타일로 응용해보세요.

윤혜라_어린 시절 어머니께서 손수 만들어 주셨던 사랑이 담긴 간식들을 재현해보고 싶은 마음을 늘 간직하며 살았다는 그녀. 2001년 결혼 후 남편과 지인들에게 자신이 구운 쿠키를 선물하곤 했는데 사람들의 뜨거운 반응으로 제2의 인생을 발견하게 된다. 이후 푸드 스타일링 정규 과정을 수료하고 《여성중앙》 《레몬트리》 등 다양한 잡지에 칼럼을 기고했으며, 신세계 백화점에서 베이킹 강의를 했다. 그녀의 소소한 일상을 담은 개인 블로그 〈Vanilla's stylish kitchen〉은 그녀의 감각적인 요리 사진과 아기자기한 선물 포장으로 유명하다. 현재 프리랜서 푸드 스타일리스트와 컨벡스 쿠킹 클래스의 베이킹 강사로 활동하고 있다. www.cookieteria.com

밍깅's story blog.naver.com/gungrang

처음에는 집에서 케이크를 직접 만들어보겠다고 마음 먹기가 그리 쉽지 않겠지만, 베이킹 월드에 도착하는 순간 '이곳에 오길 참~ 잘했구나' 하는 생각이 들 거예요. 건강한 홈메이드 케이크를 가족들과 나눠 먹는 기쁨, 비록 모양은 엉성하지만 좋은 재료로 정성껏 만든 케이크를 주변 사람들에게 선물하는 기쁨… 그 소소한 기쁨들이 제가 느끼는 베이킹 월드의 가장 큰 매력입니다.

세상에 태어나 숨 쉴 수 있는 하루하루, 주변을 채우고 있는 아름다운 사물 하나하나가 어쩌면 신이 주신 선물이겠지만 사람들과 무언가를 나눈다는 것 또한 참으로 맛깔스러운 선물이 아닐 수 없습니다. 홈베이킹을 하면서 사람들과 정보를 공유해온 지 벌써 4년째, 블로그 덕분에 모르던 사실을 알게 되고 또 제가 알려드린 팁으로 케이크 만들기에 성공하셨다는 소식을 들었을 때 그 기쁨이란! 밥알이 하나하나 살아 있는 옹기솥 밥을 후후 불어가며 먹으면 뱃속까지 따뜻해지듯이, 이웃분들이 써주신 댓글과 안부 쪽지를 하나씩 읽다 보면 어느새 제 마음도 따뜻해집니다.

저는 이 책에서 케이크를 중심으로 한 파트를 구성했습니다. 애프터눈 티와 곁들일 수 있는 달콤한 미니 케이크, 사랑하는 사람을 위한 멋진 생일 케이크와 특별한 선물용 케이크, 초보자들도 실패 없이 만들 수 있는 기본 케이크, 블로그 방문자들에게 인기 있었던 데코레이션 케이크 등 제가 가진 베이킹 노하우를 아낌없이 담았습니다. 자, 그럼 저와 함께 신나는 베이킹 월드로 떠나볼까요?

민경랑_숙명여대 교육대학원에서 독일어를 전공하고 영어 강사로 활동하던 시절, 학생들과 주변 사람들에게 빵, 과자를 선물하면서 요리하는 재미에 푹 빠졌다. 이후 베이킹에 대한 깊은 관심과 열정으로 제과기능사, 제빵기능사, 케이크 디자이너 자격증을 취득하고 '르코르동 블루'에서 '제과 디플롬(Patisserie Diplome)' 과정을 수석으로 수료했다. 그녀의 개인 블로그 〈밍깅의 cozy table〉은 눈부시도록 아름답고 사랑스러운 케이크들이 가득해 베이킹 블로거들의 로망이 되는 공간이다. 『월간 파티시에』에 칼럼을 기고했고 신세계 백화점에서 베이킹 강의를 했으며 현재는, 'cake studio M'을 운영하며 컨벅스 쿠킹 클래스의 베이킹 강의를 맡고 있다. www.mingging.com

아키라's story blog.naver.com/akides82

요리에 관심도 없고 할 줄도 몰랐던 제가 요리와 베이킹에 푹 빠지게 된 것은 미니 전기오븐을 사고 네이버 카페 〈오븐엔조이〉를 알게 되면서부터입니다. 이곳에 밤낮으로 드나들며 레시피를 찾고, 오븐 관련 정보를 얻었어요. 밤새는 줄도 모르고 오븐으로 요리를 하고 사진을 찍어 블로그에 올렸지요. 오븐은 저에게 세상에서 가장 재미있는 '놀이 도구'이자 '실험 도구'였어요. 그 결과, 지금은 "저의 취미와 특기는 모두 요리입니다"라고 당당하게 말할 수 있게 되었습니다.

가끔은 블로그에서 '대체 뭐하는 사람이냐'는 질문을 종종 받습니다. 너무 다양한 취미에 빠져 사는 제 모습에 호기심이 생기나 봅니다. 전 그저 요리와 베이킹을 좋아하고 사진 찍기를 즐기며 고양이를 사랑하는 평범한 사람이에요.

이 책에서 저는 브런치와 초콜릿 파트를 담당했는데요. 전문 분야가 있는 다른 선생님들과 달리, 저는 베이킹을 포함한 다양한 요리에 관심이 있던 터라 뭔가 주제가 있는 베이킹을 제안하고 싶었습니다. '늦잠을 자고 일어난 주말 아침, 향기로운 에스프레소 한 잔과 카페 스타일 브런치'가 많은 여성들의 로망이듯, 여자들이 꼭 한번 만들어보고 싶어 하는 요리들을 책에 담아보았습니다. 하지만 제가 제안한 브런치 메뉴는 아이들 간식이나 간단한 점심 도시락으로도 좋습니다. 가능하면 주변에 있는 재료로 집에서 간단하게 만들 수 있는 쉬운 메뉴 위주로 소개했거든요. 밸런타인데이와 같은 특별한 날 남편이나 남자친구에게 선물할 수 있는 초콜릿 파트도 마련했으니 멋진 이벤트도 준비해보세요.

박영경_원래부터 사진 찍기를 좋아하고 온라인에 자신이 촬영한 사진을 올려 사람들과 소통하는 것을 즐겼다. 2005년 요리를 시작한 후에는 맛깔스러운 요리를 블로그에 올려 화제가 되었다. 요리와 베이킹 외에도 고양이, 커피, 사진 등 다양한 주제를 다루고 있는 그녀의 블로그 〈아키라의 로망백서〉에는 그동안 600만 명이 다녀갔고 덕분에 『블로그 ON_더북컴퍼니』라는 책에 공동 저자로 참여하기도 했다. 직장 생활을 하면서도 틈틈이 제과기능사, 제빵기능사, 바리스타 2급 자격증을 취득할 정도로 다양한 분야에 재능과 열정을 가지고 있다. 현재는 웹디자이너 겸 웹마케터로 일하며 '오븐엔조이'의 〈키워드 레시피〉와 〈맛있는 사진, 한 장의 요리〉 코너에 웹 칼럼을 연재하고 있다. www.akides.com

Contents

PART 1

멜리·민 걱정 없는
미애표 건강빵

PART 2

소중한 사람을 위해 준비하는
바닐라표 쿠키

PART 3

직접 만들어 더 폼 나는
밍깅표 케이크

PART 4

꼭 한번 만들고 싶었던
아키라표 브런치

PART 5

특별한 날을 더 특별하게 하는
아키라표 초콜릿

플러스 정보

데이터 보는 법

베이킹의 난이도

★☆☆ 초급

★★☆ 중급

★★★ 고급

 ★☆☆

오븐에 넣어 굽는 시간

오븐의 종류와 특성에 따라 불의 세기가 조금씩 다를 수 있으니 자기 오븐에 맞는 적정 데이터를 체크해두는 것이 좋습니다.

 15~20분

 170℃

예열 온도

 재료(10개분)

박력분 ····················· 140g

단호박 ····················· 210g

소금 ·························· 약간

장식용 초코칩 ·············· 약간

식물성 오일 ·············· 적당량

베이킹에 들어가는 모든 재료와 분량

1. '식물성 오일'이라고 표기 한 것은 포도씨유, 카놀라유, 올리브유, 식용유 등을 사용하면 됩니다. 식용유보다는 다른 오일들을 권장하고 올리브유는 특유의 향 때문에 주의해서 사용하는 것이 좋습니다.

2. 달걀은 '갯수'로 표기하였고 달걀 1개는 60g을 기준으로 했습니다(흰자:노른자:껍질의 비율=6:3:1 즉, 달걀 1개=60g, 달걀흰자 1개=36g, 달걀노른자 1개=18g 정도입니다).

미리 준비해두세요

호두는 미리 구워 식혀두세요.

베이킹 전에 필요한 밑준비

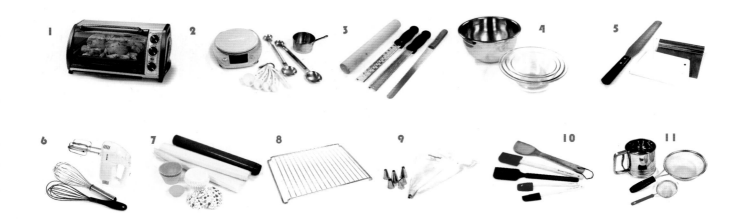

1 오븐 베이킹의 필수도구지요. 가스오븐, 전기오븐, 오븐토스터 등 다양한 종류의 오븐이 있는데 본인에게 잘 맞는 오븐을 선택하는 것이 중요합니다.

2 계량 도구 베이킹에서 '정확한 계량'은 아무리 강조해도 지나치지 않습니다. 전자저울이 일반 주방저울보다 사용하기에 더 편리하고 계량컵, 계량스푼도 필요한 품목 중 하나지요.

3 밀대, 제스터, 빵칼 밀대는 반죽을 밀 때, 제스터는 재료를 갈 때, 빵칼은 빵을 자를 때 사용해요.

4 볼 재료를 섞고 반죽할 때 사용합니다. 주로 스테인리스 볼을 많이 사용하고 플라스틱 볼, 유리 볼도 있지요. 크기별로 다양하게 갖춰놓으면 편리합니다.

5 스크래퍼, 스패츌라 스크래퍼는 빵 반죽을 자르거나 파이 반죽을 할 때 사용해요. 주로 스테인리스나 플라스틱으로 만들어져 있지요. 스패츌라는 케이크 등에 생크림을 바를 때 사용하는 도구입니다. 잼이나 초콜릿을 얇게 바를 때도 스패츌라를 사용해요.

6 거품기 대표적으로 손거품기와 핸드믹서가 있어요. 간단한 반죽에는 손거품기를 사용하는 것이 편리하지만 케이크와 같이 거품 낼 일이 많은 베이킹에는 핸드믹서를 하나 갖추는 것이 좋아요.

7 유산지, 유산지컵 쿠키나 케이크를 구울 때 틀에서 잘 분리하기 위해서는 유산지가 꼭 필요합니다. 머핀을 구울 때 필요한 유산지컵도 시중에서 쉽게 구할 수 있습니다.

8 식힘망 쿠키나 다 구워진 빵, 케이크를 식힐 때 사용하는 것이 식힘망입니다. 식힘망은 따로 구입할 필요 없이 오븐을 살 때 따라오는 철망을 이용해도 무관합니다.

9 짤주머니, 깍지 짤주머니 안에 쿠키 반죽이나 생크림을 넣어 입구에 다양한 모양의 깍지를 끼워 여러가지 데코레이션을 할 수 있지요. 방수천으로 만들어진 짤주머니는 여러 번 씻어 사용할 수 있다는 장점이 있지요. 요즘은 비닐로 된 일회용 짤주머니도 많이 사용해요.

10 주걱 나무주걱, 고무주걱, 실리콘 주걱 등 다양한 종류의 주걱이 있습니다. 반죽할 때, 재료를 섞을 때 주로 사용하지요. 특히 고무로 되어 있는 알뜰주걱은 꼭 필요한 도구 중 하나입니다. 열에 강한 실리콘 주걱을 추천합니다.

11 가루체 밀가루와 다양한 가루류를 내리는 도구예요. 손에 쥐고 간편하게 사용할 수 있는 일반 가루체와 베이킹에 좀 더 편리하게 만들어진 베이킹 전용 체 하나 정도는 갖추는 것이 좋아요.

12 온도계, 타이머 온도계는 빵을 만들거나 다양한 베이킹을 할 때 유용하지요. 오븐 내부의 온도를 재는 온도계도 있고 반죽의 온도를 재는 온도계도 있는데 꼭 필요한 것은 아니지만 필요에 따라 적절하게 사용하면 좋아요. 타이머는 발효 시간을 체크하거나 굽는 시간을 체크할 때 사용하지요.

13 스쿱, 솔 다양한 크기의 스쿱들은 쿠키를 구울 때 반죽을 일정한 크기로 떠놓기에 편리해요. 아이스크림을 뜰 때에도 이용하지요. 솔은 빵 반죽 위에 달걀물을 바르거나 오일이나 물을 바를 때 유용하게 사용할 수 있어요. 요즘은 실리콘 재질의 솔을 많이 이용하는데 위생적이고 편리한 장점이 있습니다.

14 바게트 틀, 식빵틀 바게트는 밑부분과 윗부분 전체적으로 고른 열로 굽는 것이 중요해요. 때문에 바게트 전용 틀에는 구멍이 뚫려 있는 것이 특징입니다. 식빵틀은 파운드 틀보다 높고 뚜껑이 달려 있는 것도 있습니다. 식빵을 자주 굽는다면 식빵틀을 하나쯤 준비해두세요.

15 원형틀, 사각틀, 파운드 틀 사각틀은 일반적으로 가장 많이 사용하는 기본 틀입니다. 가정에서는 보통 2호(18cm) 틀을 많이 사용합니다. 원형틀은 지름에 따라 1호(15cm), 2호(18cm), 3호(21cm), 4호(24cm)로 구분됩니다. 원형틀과 사각틀은 자주 사용하는 만큼 2~3개를 사이즈별로 구비해놓으면 편리합니다.

16 무스 틀 무스 틀은 무스 케이크나 고구마 케이크 등 냉장고에 넣어 굳히는 케이크를 만들 때 쓰입니다. 원형, 하트, 사각 등 다양한 무스 틀이 있지요. 떡을 만들 때도 무스 틀을 사용합니다.

17 파이 · 타르트 팬 파이나 타르트를 만들 때 사용하는 틀입니다. 가장자리가 톱니 모양으로 되어 있고 높이가 낮은 것이 특징이지요. 밑판이 분리되는 틀을 사용하면 구운 다음 꺼내기가 편리해요.

18 모양 케이크 틀 시폰, 구겔호프, 카스테라 등 모양이 있는 케이크를 만들 때 사용하는 틀입니다. 시폰, 구겔호프 등은 가운데부분이 비어 있는 것이 특징이지요.

19 종이 케이크 틀, 호일 틀 일회용으로 사용할 수 있는 다양한 종류의 종이 케이크 틀도 있습니다. 선물할 때 구운 틀 그대로 포장해 선물할 수 있는 장점이 있지요.

20 머핀 틀, 마들렌 틀 머핀과 마들렌을 만들 때 사용하는 틀입니다. 보통 6구, 12구가 일반적입니다. 마들렌 틀은 부채 모양, 조가비 모양 두 종류가 있습니다.

21 쿠키 커터 모양 쿠키를 만들 때 꼭 필요한 것이 쿠키 커터입니다. 스테인리스나 플라스틱으로 만들어진 것이 일반적이지요. 별, 곰돌이, 하트, 자동차 등 다양한 모양이 있습니다.

홈베이킹 기본 재료

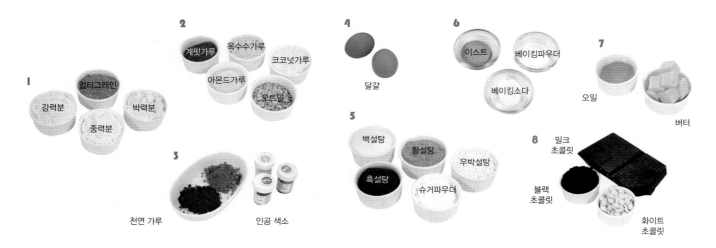

1 강력분 멀티그레인 박력분 중력분

2 계핏가루 옥수수가루 아몬드가루 코코넛가루 오트밀

3 천연 가루 / 인공 색소

4 달걀

5 백설탕 황설탕 흑설탕 슈거파우더 우박설탕

6 이스트 베이킹파우더 베이킹소다

7 오일 버터

8 밀크 초콜릿 블랙 초콜릿 화이트 초콜릿

1 밀가루, 멀티그레인 밀가루의 종류에는 강력분, 중력분, 박력분이 있습니다. 글루텐이 가장 많은 강력분은 일반적으로 '발효빵'을 만들 때 사용합니다. 중력분은 빵이나 케이크, 쿠키, 면 등에 사용하고 글루텐 함량이 가장 적은 박력분은 바삭한 쿠키나 부드러운 케이크 등을 만들 때 사용합니다. 멀티그레인은 여러 곡물과 곡물 가루를 섞어 놓은 것인데 곡물빵을 만들 때 밀가루에 섞어 넣으면 손쉽게 만들 수 있습니다.

2 기타 가루류 계핏가루는 케이크나 쿠키, 빵 등에 넣어 사용하고 옥수수가루는 옥수수빵을 만들거나 옥수수과자 등을 만들 때 사용합니다. 코코넛가루는 코코넛을 간 가루로 쿠키나 케이크 등을 만들 때 사용하고 아몬드가루는 아몬드를 가쇄한 것으로 베이킹에 자주 사용됩니다. 오트밀은 곡물빵에 넣어 굽거나 쿠키 등을 만들 때 자주 사용됩니다.

3 천연 가루, 인공 색소 요즘은 녹차가루, 코코아가루, 단호박가루, 백련초가루 등 천연 가루가 다양하게 나와 있는데 빵이나 쿠키, 케이크 등에 넣었을 때 다양한 색을 내지요. 인공 색소는 아주 적은 양으로 원하는 색을 낼 수 있으나 가급적이면 천연 가루를 사용하는 것이 좋습니다.

4 달걀 빵을 만들 때나 케이크를 만들 때 기본적으로 들어가는 것이 달걀이지요. 특별한 경우를 제외하고는 실온에 두었다가 차갑지 않게 사용하는 것이 좋습니다. 달걀의 1개의 무게는 보통 60g 정도이고 흰자, 노른자, 껍질의 비율이 6:3:1 정도의 비율입니다.

5 설탕, 슈거파우더, 우박설탕 설탕에는 백설탕, 황설탕, 흑설탕이 있습니다. 용도에 따라 적절히 사용하는 것이 좋습니다. 설탕을 갈아 약간의 전분과 섞은 슈거파우더는 케이크 데코레이션을 할 때나 아이싱을 할 때, 쿠키를 만들 때 등 다용도로 쓰입니다. 우박설탕은 덩어리가 있는 설탕으로 빵이나 쿠키 등의 위에 뿌려 사용합니다.

6 팽창제 이스트는 빵 반죽을 부풀게 하는 효모로 크게 생이스트 · 드라이이스트 · 인스턴트 드라이이스트 3가지가 있는데 우리 책에서는 주로 인스턴트 드라이이스트를 사용합니다. 베이킹파우더는 케이크나 쿠키를 부풀리는 화학 팽창제로 베이킹소다에 기타 물질을 첨가해 쓴맛이 덜하며 위로 부풀게 하는 성질이 있습니다. 베이킹소다는 베이킹파우더보다 약 2~3배 팽창력이 높으며 옆으로 퍼지게 만드는 성질이 있습니다.

7 버터, 오일 버터와 오일은 베이킹의 기본 재료 중 하나입니다. 보통 버터는 무염 버터(소금이 들어가지 않은 버터)를 사용하는 것이 일반적이며 때에 따라 오일을 사용하는 레시피도 있습니다. 마가린, 쇼트닝 등을 사용하기도 하는데 버터에 비해 풍미나 영양이 떨어지고 트랜스지방 함유율이 높아 되도록이면 사용하지 않는 것이 좋습니다.

8 초콜릿 커버처초콜릿의 종류에는 다크, 밀크, 화이트 초콜릿이 있습니다. 큰 덩어리로 되어 일일이 칼로 다져서 사용해야 하는 초콜릿도 있고, 작은 덩어리로 만들어져 손쉽게 사용할 수 있는 초콜릿도 있습니다.

10 사워크림

크림치즈

9 연유

물엿

메이플 시럽

올리고당

11 칼루아

코앵토르

럼주

레몬즙

12 해바라기씨   무화과

피스타치오

아몬드   호두

13

바닐라빈

바닐라 익스트랙트

14 판 젤라틴

젤라틴 가루

15

생크림   우유

9 시럽 시럽에는 물엿, 메이플 시럽, 연유 등 다양한 종류가 있습니다. 설탕 대신 사용하는 경우도 있고 특유의 향을 내기 위해 사용하는 경우도 있습니다.

10 크림치즈, 사워크림 크림치즈는 숙성되지 않은 부드러운 치즈를 말합니다. 빵에 발라 먹기도 하고 치즈케이크나 다양한 베이킹에 사용합니다. 사워크림은 생크림을 발효한 크림을 말하는데 새콤한 맛이 특징입니다. 유통기한이 짧은 단점이 있습니다.

11 다양한 술, 레몬즙 베이킹에 술을 쓰는 경우는 특유의 향을 내거나 달걀이나 다른 재료들의 잡내를 없애려고 사용하는 경우가 대부분입니다. 사용 시 많은 양을 쓰지 않고 1~2큰술 정도 쓰는 것이 일반적입니다. 럼주는 사탕수수에서 만들어진 술을 말하고 코앵토르는 오렌지술, 칼루아는 커피술을 말합니다. 레몬즙은 레몬을 짜서 쓰는 경우도 많지만 시판되는 것도 많습니다.

12 견과류, 건과일 호두, 피칸, 피스타치오, 헤이즐넛, 호박씨, 잣 등을 견과류라고 합니다. 베이킹에 사용할 때에는 전처리를 하는 것이 좋습니다(견과류 전 처리 방법은 307쪽 참고). 건과일은 건포도, 말린 무화과, 말린 블루베리 · 크랜베리 등이 주로 사용되고 사용 전 바싹 말라 있는 경우가 많으므로 럼주나 따뜻한 물에 미리 불려 사용하는 것이 좋습니다.

13 바닐라빈, 바닐라 익스트랙트 일반적으로 바닐라 가루를 밀가루와 섞어 쓰거나 바닐라빈의 씨를 사용합니다. 액체형으로 된 바닐라 익스트랙트도 케이크나 쿠키 등에 넣어 사용하면 여러 가지 잡내도 없애고 특유의 향이 나지요.

14 젤라틴 가루, 판 젤라틴 젤라틴은 응고제의 한 종류입니다. 동물성 단백질인 콜라겐을 정제한 것을 말하지요. 젤라틴 가루를 더운 물에 녹이면 액체가 되었다가 차갑게 식히면 굳는 성질을 지녔습니다. 무스 케이크나 푸딩, 젤리 등을 만들 때 주로 사용합니다. 판 젤라틴은 얇은 필름 형태로 되어 차가운 물에 불린 다음 물을 짜내고 다른 재료에 녹여 사용합니다.

15 생크림, 우유 우유, 생크림, 휘핑크림은 베이킹에서 빠질 수 없는 재료입니다. 빵을 부드럽게 하고 색을 내주며 맛을 좋게 만듭니다. 생크림은 우유의 지방분을 분리해 만든 것을 말합니다. 보통 휘핑하여 크림을 만들거나 케이크 등에 넣어 사용합니다. 휘핑크림은 유지방과 식물성 유지가 섞인 것을 말하는데 보통 생크림케이크를 만들 때 생크림과 휘핑크림을 적절히 섞어 사용하면 더 부드럽고 매끈한 크림을 만들 수 있습니다.

홈베이킹 기본 용어

예열

오븐의 온도를 미리 굽는 온도에 맞춰 올려두는 것을 말합니다. 베이킹을 할 때 레시피에 180℃라고 나와 있다면 굽기 5~10분 전에 미리 오븐의 온도를 180℃에 맞춰 놓으세요. 특히 케이크나 쿠키를 구울 때 예열 과정을 거치지 않으면 빵이나 케이크가 제대로 만들어지지 않거나 시간이 오래 걸릴 수 있습니다.

팬닝

오븐팬 위에 빵이나 쿠키 반죽 등을 올려놓는 것을 팬닝이라고 합니다. 시폰케이크나 원형틀 등에 반죽을 넣는 것 또한 팬닝이라고 합니다.

휘핑

달걀이나 생크림을 거품기로 저으면서 공기를 넣어주는 작업을 말합니다.

머랭

순수한 달걀흰자에 분량의 설탕을 넣고 거품기로 저어 공기를 넣어주면 다양한 질감의 달걀흰자 상태를 얻게 되는데 이것을 머랭이라고 합니다.

휴지

골고루 섞인 재료들을 냉장고나 실온 상태에 놓아두면 그 조직이 균일하게 안정화되는데 그 과정을 휴지라고 합니다. 휴지의 과정을 거치면 작업하기 좋은 상태가 되어 최상의 결과물을 얻을 수 있게 됩니다. 모양 쿠키를 휴지를 시키지 않은 반죽으로 만들 경우, 윗면이 거칠게 나오는 경향이 있습니다

성형

빵 혹은 쿠키 등의 반죽을 동그랗게 굴리거나 원하는 모양으로 만들어 손으로 형태를 잡는 과정을 통틀어 '성형한다'라고 말합니다.

중탕

직접 불에 닿게 하지 않고 더운 물로 간접적으로 온도를 높여주는 작업 방법입니다. 주로 초콜릿이나 버터를 녹이는 경우, 아래쪽에는 뜨거운 물이 담긴 큰 볼이나 냄비를 놓고 그 위에 작은 볼을 올려 중탕 작업을 하지요.

실온화

냉장 상태로 보관했던 재료들을 작업하기 전에 미리 꺼내 실온으로 맞춰 작업하기 편한 상태로 만드는 것을 말합니다. 특히 버터나 달걀의 경우는 냉장 보관했던 상태로 넣을 경우 반죽이 쉽게 분리되므로 겨울엔 대략 1시간, 여름엔 30분 정도 꼭 실온화해둡니다.

자르듯 섞는다

쿠키 레시피에서 '버터 반죽을 볼 가운데로 모아 그 위에 체에 내린 가루류를 넣고 자르듯이 섞는다'라는 표현을 자주 볼 수 있습니다. 급한 마음에 가루류를 으깨듯 섞거나 자주 뒤집어가며 일부분씩 뭉쳐 치대듯 섞으면 글루텐이 형성되어 딱딱한 식감의 과자가 만들어질 수 있습니다. 고무주걱으로 세로로 자르듯 섞다가 볼을 시계 방향으로 조금씩 돌리며 다시 세로로 자르듯 두어 번 섞고 밑바닥을 크게 뒤집어 다시 세로로 자르듯 섞어 반죽하는 과정을 '자르듯 섞는다'라고 합니다.

아이싱

달걀흰자에 슈거파우더와 레몬즙을 넣어 만든 설탕 반죽을 짤주머니나 코르네에 담아 쿠키 위에 그림을 그리거나 뿌리는 것을 아이싱이라고 합니다. 또한 케이크를 만들 때 생크림이나 버터크림을 바르는 것을 '아이싱한다'고 표현하기도 합니다.

살균

오븐에 굽지 않는 베이킹이나 냉과류는 세균이 번식하지 않도록 철저히 균을 없애주는 것이 중요합니다.

샌드

케이크와 케이크 혹은 쿠키와 쿠키 사이에 크림이나 충전물을 넣어주는 것을 '샌드한다'고 말합니다.

가스 빼기

1차 발효가 끝난 반죽을 가볍게 눌러 반죽 내의 가스를 빼주는 작업입니다. 가스를 빼게 되면 이스트가 활성화되어 글루텐의 신축성이 좋아져 빵결도 좋아지지요.

둥글리기

성형하기 전에 반죽을 분할하게 되면 잘라진 단면이 생기게 됩니다. 반죽을 둥글려 얇은 막을 만들어줌으로써 반죽 내의 가스가 새어나가는 걸 막아줍니다.

중간 발효

반죽을 분할하고 10~20분 동안 발효시키는 과정인데 쉽게 성형할 수 있도록 도와주는 과정이지요.

과발효

발효를 함에 있어서 적절한 발효점을 지나치는 경우를 말합니다. 과발효한 반죽으로 빵을 구우면 딱딱하거나 시큼한 냄새가 날 수 있습니다.

오븐 발효

40℃ 미만의 따뜻하게 데운 오븐에서 발효하는 방법으로 오븐팬에 물을 담고 랩을 씌운 반죽 볼을 넣어 발효시킵니다.

덧밀가루

성형할 때 반죽이 손이나 작업대에 달라붙지 않도록 사용하는 밀가루입니다. 보통 강력분을 많이 사용하는데 소량 사용하는 것이 좋습니다.

홈베이킹 기본 테크닉

빵 반죽 & 1차 발효 (42쪽 크림치즈호두빵)

재료

빵 반죽 강력분 300g, 인스턴트 드라이이스트 4g, 설탕 35g, 버터 30g, 소금 5g, 달걀 1개, 물 130g, 다진 호두 80g

필링 크림치즈 350g, 설탕 20g

미리 준비해두세요

1. 소금과 설탕, 이스트는 각각 준비하세요. 드라이이스트 대신 생이스트를 사용할 때는 두 배의 분량을 준비하세요.
2. 버터는 실온에서 말랑하게 녹이고 물이나 우유 등은 미지근한 상태로 두세요. 모든 재료는 실온의 온도를 유지하는 것이 좋아요.
3. 건조과일은 럼주에 1시간 남짓 담가두었다가 사용하고 견과류는 프라이팬에 살짝 볶아두면 더욱 고소하답니다.

재료 준비하시고~

1 체에 내린 밀가루와 이스트, 설탕, 소금을 각각 준비해요.

2 설탕과 이스트, 소금은 서로 직접 닿지 않도록 각각 밀가루를 발라준 후 함께 섞어요.

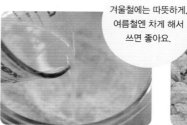

3 분량의 미지근한 물(or 우유)에 달걀을 풀어 2번 반죽에 넣어요.

겨울철에는 따뜻하게, 여름철엔 차게 해서 쓰면 좋아요.

4 주걱으로 모든 재료들이 잘 뭉쳐지도록 버무린 후 손으로 주물러 하나로 뭉치듯이 반죽을 해요.

본격적인 반죽으로~

반죽용 도마와 같이 편한한 작업대를 이용하는 것이 더 수월하답니다.

5 동작 ① 길게 밀어 펴기
빨래를 하듯 반죽을 위아래로 길게 늘이며 치댑니다.

6 동작 ② 반으로 접어 늘이기
길게 위아래로 늘이며 치대던 반죽을 반으로 접고 다시 늘이기를 반복해요.

7 동작 ③ 작업대 위에 내려치기
중간중간 반죽을 힘차게 작업대 위에 내려치며 위의 세 동작을 반복하여 치대어줍니다.

8 반죽이 작업대에 들러붙지 않고 깨끗하게 떨어질 정도로 잘 뭉쳐지면 말랑한 버터를 넣어요.

버터를 넣으면 반죽이 질척거리는 듯하지만 계속 치대다 보면 잘 뭉쳐진답니다.

9 계속해서 밀어 펴기 – 접어 주기 – 내려치기의 동작을 반복하여 반죽 표면이 매끄럽고 탄력이 생길 때까지 치댑니다.

10 반죽이 매끄럽고 탄력 있게 완성되면 견과류나 건과일과 같은 부재료를 넣고 고루 섞어요.

11 이렇게 완성된 반죽을 양손으로 늘여주듯 동그랗고 매끄러운 원형 상태로 만져준 후 준비한 볼에 담아요.

12 반죽이 담긴 볼에 랩을 씌우고 5~6군데 숨구멍을 뚫어준 다음

오븐발효

중탕발효

13 1차 발효를 시켜요. 상세한 발효 방법은 아래를 참고하세요.

14 반죽이 대략 2~2.5배 정도 부풀어 오르면 발효를 마무리하고

누른 반죽이 그대로 있으면 발효가 잘 된 것이에요.

15 검지손가락에 밀가루를 가볍게 묻힌 후 빵 반죽을 지그시 눌러 발효 상태를 체크하세요.

이후, 빵의 종류에 따라 분할-중간 발효-모양 만들기-2차 발효 과정을 거치면 완성.

16 1차 발효를 마친 반죽을 손으로 여러 번 눌러 반죽 내에 있는 가스를 빼주세요.

 두 가지 발효 방법

1 오븐 발효

먼저 뜨거운 물이 담긴 작은 볼을 오븐 안에 넣고 온도는 30~35도 정도로 맞춰줍니다. 손을 넣어 오븐 내부가 후텁지근한 느낌이 들면 오븐을 끄고 반죽이 담긴 볼을 넣은 후 반죽의 부피가 대략 2~2.5배 정도 부풀 때까지 40분 가량 1차 발효를 시킵니다.

이 때 발효하는 시간보다 반죽이 부푼 상태를 보고 체크하는 것이 중요합니다. 반죽 온도가 높으면 발효 시간은 짧아지고 반대로 낮은 온도에서는 발효 시간이 상대적으로 길어집니다.

2 중탕 발효

체온 정도의 따끈한 물이 담긴 넓은 볼 안에 반죽을 담아 랩을 씌운, 볼을 담고 반죽이 2~2.5배 정도 부풀면 1차 발효를 마칩니다.

이때 받쳐놓은 따뜻한 물이 식으면 다시 따뜻한 물로 갈아주어야 합니다.

타르트 반죽

재료 (20cm 틀 1개분 or 13cm틀 2개분)
버터 50g, 슈거파우더 40g, 달걀노른자 1개, 바닐라에센스 1/2작은술,
박력분 120g, 아몬드가루 20g, 소금 약간, 타르트돌(or 누름콩) 적당량

이번에 소개하는 타르트 반죽은 '파트 슈크레'라는 반죽법이에요.

1 실온의 버터는 멍울이 없이 풀어주고

2 체에 내린 슈거파우더를 고루 섞어요.

3 실온의 달걀은 2회 정도 나누어 분리되지 않도록 골고루 풀어주고

4 볼 가장자리를 깨끗하게 정리해 버터 반죽을 가운데로 모아요.

5 체에 내린 박력분과 아몬드가루를 넣어 자르듯 섞고

너무 골고루 뭉치려고 과하게 반죽하면 딱딱해질 수 있으니 주의하세요.

6 소보로 상태가 되면 한 덩어리로 뭉쳐 지퍼락에 넣은 다음 3시간 정도 냉장고에 두세요.

7 반죽은 동글납작하게 뭉쳐 강력분을 덧밀가루로 써가며 밀대로 밀어주세요.

8 3~5mm두께로 밀다가 타르트 팬보다 조금 더 커지면

큰 사이즈의 타르트를 준비할 때는 반죽이 찢어지기 쉬우니 반죽을 밀대에 말아 옮기세요.

9 타르트 팬에 얹어 옆면에 반죽이 넉넉히 들어가도록 살짝 접어넣어요

10 여분의 반죽은 밀대를 굴려 잘라내고

11 타르트 팬의 옆 면과 바닥면이 맞닿는 부분까지 반죽이 꼼꼼히 채워지도록 엄지와 검지로 눌러주세요.

12 윗면에 남은 반죽을 한 번 더 칼등을 이용해 잘라내고

마른 콩이나 팥, 보리 등을 누름콩으로 사용하세요. 한 번 사용한 것은 계속 타르트용으로 두고 사용하시는 것이 좋아요.

이 반죽은 타르트 뿐만 아니라 치즈케이크의 바닥으로 이용해도 좋아요.

13 부풀어 오르지 않도록 포크로 찍어주세요.

14 반죽 위에 유산지를 구겨 얹은 다음 타르트돌 또는 누름콩(콩이나 보리)을 채워넣어요.

15 170°C로 예열된 오븐에서 15분 정도 굽다가 유산지와 타르트돌을 걷어내고 10분 정도 더 구우세요.

 또 다른 타르트 반죽법_푸드프로세서 사용하기

1 달걀노른자와 바닐라에센스를 함께 풀어 실온에 두고

2 푸드프로세서를 세팅한 다음 체에 내려둔 가루류를 넣고 군데군데 버터를 덩어리째 넣어요.

3 '드륵-틱, 드륵-틱' 하면서 푸드프로세서를 짧게 끊어서 돌리다가 굵은 소보로 형태가 되면

4 1번에 풀어놓은 달걀노른자를 넣어 다시 푸드프로세서를 돌린 다음 손으로 주물러 반죽을 해요.

머랭 휘핑하기

재료 달걀흰자 1개, 설탕 20g

머랭은 달걀흰자에 설탕을 넣어 거품 낸 것을 말하는데 베이킹을 할 때 자주 거치게 되는 기본과정이에요.

달걀흰자는 물기나 달걀노른자가 조금이라도 섞여 있으면 거품이 나지 않으니 반드시 깨끗한 볼과 거품기를 사용하세요.

달걀흰자의 양이 적을 때는 볼을 기울여서 휘핑하세요

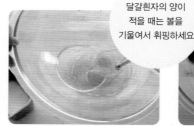

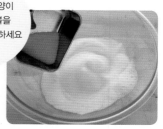

1 물기 없는 깨끗한 볼에 달걀노른자와 완전히 분리한 순수한 달걀흰자를 준비하세요.

2 달걀흰자에 설탕을 조금 넣고

3 고속으로 거품기를 휘핑해주세요.

4 거품이 하얗게 올라오면 분량의 설탕을 한 번에 넣지 말고 3−4회로 나눠 넣고 볼륨감이 생길 때까지 힘차게 휘핑하세요.

그 이상 휘핑하면 푸석푸석한 상태가 되니 주의하세요

5 전체적으로 일정하고 균일한 기포가 형성되도록 휘핑해서 단단하고 매끄러운 상태가 되면 완성.

머랭의 완성도

90% 머랭

거품기를 들어봤을 때 새 부리처럼 끝이 살짝 휘는 정도.

100% 머랭

거품기를 들어봤을때 끝이 뾰족하게 서는 정도.

생크림 휘핑하기

재료 시판 생크림 100g, 설탕 10g(생크림의 10% 분량)

생크림은 무스케이크나 시폰케이크, 커스터드크림 등을 만들 때 꼭 필요하지요.

여름엔 반드시 얼음물을 받쳐주세요

1 물기 없는 깨끗한 볼에 찬 생크림을 넣고 거품기로 가볍게 거품을 내요.

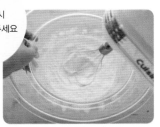

2 설탕을 넣고 잘 녹을 때까지 휘핑해주세요.

3 거품기에 크림이 붙기 시작하면서 주르륵 흐르는 상태가 됩니다(이 상태의 크림은 무스케이크를 만들 때 사용해요).

4 계속 휘핑하면 거품기 자국이 나기 시작합니다.

5 더 휘핑하면 거품기를 들어 올렸을 때 거품의 각이 살짝 구부러집니다(이 상태의 크림은 케이크 겉면을 아이싱 할 때 사용해요).

6 더 휘핑하면 크림의 각이 뾰족하고 거품이 단단한 상태가 됩니다(이 상태의 크림은 커스터드크림과 섞을 때 사용해요).

TIP

1 생크림은 거품을 너무 많이 올리면 거칠어지면서 분리되니 주의하세요.

2 럼주나 브랜디 등을 첨가해서 마무리해주면 향긋한 크림이 되지요.

3 완성된 생크림은 온도가 높으면 처지므로 냉장고에서 보관해주세요.

만들어두면 유용한 잼 & 크림

무화과잼 **재료** 반건조 무화과 100g, 레드와인 350g, 설탕 60g, 계피스틱 1개

취향에 따라 더 잘게 잘라도 됩니다.

단맛이 나는 와인보다 떫은맛의 와인을 사용하는 것이 좋아요.

1 반건조 무화과를 4~6등분으로 잘라주세요.

2 냄비에 레드와인, 무화과, 계피스틱, 설탕을 넣고

3 센 불로 끓여주세요.

4 중간에 거품을 제거해주고

타지 않도록 중간에 한 번씩 저어주세요

병을 뒤집어 놓으면 진공 상태가 되어 오랫동안 보관할 수 있어요.

맛없어진 레드와인을 구제하는 좋은 방법이지요.

5 끓기 시작하면 불을 줄여 중불에서 20분, 약불에서 30분 더 졸여요.

6 무화과와 레드 와인이 잘 어우러져 자작자작한 상태가 되면 무화과잼 완성.

7 소독한 깨끗한 병에 담고 식힌 다음 병을 뒤집어 보관해주세요.

캐러멜 초코크림　재료 설탕 100g, 물 2큰술, 생크림 200ml, 다크 초콜릿 120g

연한 갈색이면
부드러운 캐러멜 맛,
진한 갈색이면
쌉싸래한 크림 맛이
됩니다.

생크림은 꼭
동물성을 사용하고
보글보글 끓으면
튈 수 있으니 화상에
주의하세요.

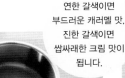

1 설탕과 물을 넣고 중불로 열을 가하다가 갈색빛이 돌면

2 미리 따뜻하게 데워둔 생크림을 조금씩 부어 잘 섞어주세요.

3 덩어리진 것 없이 매끄러운 상태가 되면 중탕으로 녹인 초콜릿을 넣고 공기가 들어가지 않게 살살 섞어주세요.

4 소독한 병에 담으면 캐러멜 초코크림 완성.

커스터드크림　재료 우유 250g, 설탕 60g, 달걀노른자 3개, 박력분 15g, 옥수수전분 15g, 바닐라빈 1/2개(or 바닐라에센스 약간)

바닐라빈은 달걀
비린내를 제거해
더 고소한 맛이
나게 합니다.

열 전도율이 높고
바닥이 두꺼운
동 냄비나 스테인리스
냄비가 적당해요.

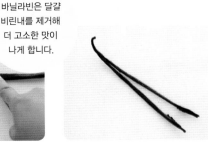

1 바닐라빈을 칼등으로 평평하게 해주세요

2 가운데를 가르고

3 칼등으로 조심스럽게 씨를 긁어내요.

4 열 전도율이 좋은 냄비에 우유, 바닐라빈, 분량의 설탕 1/3을 넣고 약한 불에서 끓기 직전까지 데워주세요.

옥수수전분이
없으면 박력분으로
대체해도 됩니다.

5 우유를 데우는 동안 볼에 달걀노른자와 나머지 설탕을 넣고 크림색이 될 때까지 계속 젓다가

6 체친 박력분과 옥수수전분을 넣고 골고루 섞어주세요.

7 6번의 반죽에 4번에서 데워 놓은 우유 1/2을 붓고 덩어리 지지 않도록 계속 저어주세요.

8 7번의 반죽을 모두 우유 1/2이 남아있는 냄비 쪽에 붓고 고운 체에 한 번 걸러주세요.

완성된
커스터드크림에 커피,
초콜릿, 녹차 등을 섞어
다양한 맛의 크림을
만들어보세요.

9 다시 불에 올려 냄비 바닥이 눌러붙지 않도록 계속 거품기로 섞어주세요.

10 질감이 걸쭉해지기 시작하면 힘차게 재빨리 저어주고 냄비 바닥에서 보글보글 끓으면 불에서 내려요.

11 바닥이 넓은 용기에 옮겨 담아

12 넓게 펴고 랩으로 밀착시킨 후 냉장고에서 식혀주세요.

전자레인지로 간단하게 커스터드크림 만들기

1 볼에 달걀노른자와 설탕을 넣고 잘 섞다가 박력분과 옥수수전분을 넣고 다시 한 번 섞어주세요.

2 여기에 우유를 부어 섞은 후 체에 한 번 걸러주세요.

3 전자레인지용 그릇에 섞은 재료를 담고 랩을 씌워 3분간 돌려주세요.

4 전자레인지에서 꺼내 거품기로 골고루 저은 다음 3분간 더 돌리고, 다시 골고루 섞은 다음 2분간 더 돌려 재료를 섞어주세요.

5 섞은 재료를 찬물에 받치거나 바닥이 넓은 용기에 담아 식혀주세요.

건강한 홈베이킹 노하우

잊을 만하면 먹을거리에 대한 이야기들이 매스컴을 통해 들려오곤 합니다. 어린 자녀를 둔 엄마로서는 걱정이 아닐 수 없지요. 그래서 요즘 아이들의 간식을 직접 만들고자 홈베이킹을 시작하는 엄마들이 많아진 것 같아요. 좋은 재료를 사용해 정성껏 만든 간식은 시판되는 제품에 비해서 훨씬 믿음이 가겠지요. 하지만 집에서 구운 것이라고 무조건 안심할 수 있을까요? 깨끗하고 안전한 공정을 통해 만드는 것 못지 않게 믿을 수 있는 재료를 사용하는 것이 중요합니다. 건강한 홈베이킹을 원하신다면 재료를 구입할 때 다음의 내용들을 꼭 검점해보세요.

1. 신선한 재료를 선택하세요

재료의 신선도는 결과물의 맛과 풍미에 중요한 영향을 끼칩니다. 모든 재료들은 유통기한을 잘 살펴보고 되도록이면 신선한 제품을 이용하는 것이 좋습니다.

2. 원산지 표시와 유통기한을 꼭 확인하세요

베이킹에 사용되는 재료들은 수입 제품들이 많기 때문에 꼼꼼한 관심이 필요합니다. 가정에서 사용하기엔 너무 벅찬 대용량 제품들이 유통과정에서 소분하여 판매되는 경우가 있는데 그 과정에서 원산지와 유통기한이 생략되는 경우가 많습니다. 되도록이면 원산지와 유통기한이 정확히 표기되어 있는 믿을 수 있는 제품을 구입하고 수입산 보다는 국산을 사용하는 것이 좋습니다.

3. 유기농 식품을 이용하세요

다소 경제적인 부담이 가더라도 안심할 수 있는 유기농 식품을 사용하는 것이 바람직한 방법입니다. 베이킹에서 특히 가장 많이 사용하는 재료인 밀가루와 설탕만큼은 유기농 제품을 사용하는 것이 좋습니다. 유기농 밀가루 대신 쌀가루를 이용하는 것도 건강한 베이킹을 위한 좋은 방법인데 쌀가루에는 글루텐이 부족하여 빵 맛이 거칠어질 수 있으니 글루텐이 포함된 쌀가루를 구입하는 것이 좋습니다.

4. 질 좋은 재료를 이용하세요

값싼 마가린이나 쇼트닝보다는 버터를 사용하고 유지방 함량이 높은 생크림을 사용하세요. 그리고 식용유 대신 유기농 포도씨유나 카놀라유를 사용하는 것이 좋아요. 올리브유는 특유의 향기가 있어 풍미를 해칠 수 있으니 주의해서 사용하세요. 기타 과일이나 채소 등도 가능하면 유기농 재료를 쓰는 것이 좋습니다.

> 베이킹에 특히 많이 사용하는 밀가루와 설탕만큼은 유기농 제품을 사용하는 것이 좋아요

유기농 식품 구입처

조합원제
한살림 www.hansalim.co.kr
녹색연합 www.greenkorea.org
두레생협 www.ecoop.or.kr
예정생협 www.yj-coop.or.kr

프랜차이즈점
초록마을 www.hanifood.co.kr
올가 www.orga.co.kr
신시 www.shinsi.co.kr
이팜 www.efarm.co.kr

인터넷쇼핑몰
무공이네 농장 www.mugonghee.com
62농닷컴 www.62nong.com
유기농하우스 www.uginong.com

part 1

멜라민 걱정없는
미애표 건강빵

요즘 먹을거리 때문에 걱정들 많으시죠? 미애표 홈메이드 건강빵에 도전해보세요.

사 먹는 것보다는 조금 번거롭지만 소중한 우리 가족에게 아무 간식이나

먹일 순 없잖아요. 직접 엄선한 재료로 정성껏 만든 빵을 가족들에게 챙겨주세요.

빵 만들기 과정은 생각보다 정말 간단하답니다. 기본 반죽과 1차 발효과정만

제대로 익혀놓으면 재료와 방법을 조금씩 달리해서 다양한 빵을 만들 수 있거든요.

자~ 그럼 미애와 함께 간단한 빵부터 만들어볼까요?

촉촉하고 담백한
토스트용 식빵

간단한 재료로 만든 토스토용 식빵은 바게트처럼 담백한
맛이 포인트랍니다. 촉촉한 빵 속과 달리 쫄깃한 빵 껍질은
또 다른 매력이 있지요. 버터를 발라 오븐토스터에 바삭하게
구워 드셔보세요. 갓 구운 바삭한 식빵은 잼 하나만 발라
먹어도 충분히 맛있답니다.

 ★ ☆ ☆

 35분

 230℃ → 180℃

 재료 (10×22×19.5cm
식빵틀 1개분)

강력분	350g
인스턴트 드라이이스트	5g
설탕	10g
소금	7g
버터	10g
물	140g
우유	100g

1

반죽과 1차 발효는 16쪽을 참고하세요.

재료를 모두 넣어 반죽을 하고 1차 발효를 마치면 손으로 가볍게 눌러 반죽 속 공기를 빼요.

2

반죽을 둘로 나누어 둥글게 말아 비닐이나 면보을 덮어 20분 정도 중간 발효를 시킵니다.

3

각각의 반죽을 밀대로 20cm 정도 크기의 타원형으로 밀어주고

4

밀어놓은 반죽의 양쪽을 1/3씩 접어준 후

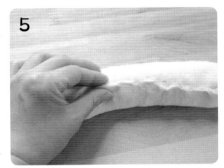

5

다시 동그랗게 맞접어 가장자리를 꼬집듯이 붙여요.

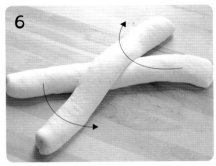

6

가운데를 겹쳐 서로 엇갈리게 놓고 양쪽을 비틀듯이 꼬아서

7

둥근 산 모양이 세 개 정도 생기도록 빵틀에 보기 좋게 넣어주세요.

8

빵틀보다 1cm 정도 올라올 만큼 40분 정도 2차 발효시키고

9

굽기 직전, 반죽에 스프레이로 물을 듬뿍 뿌려주세요.

230°C로 예열한 오븐에서 5분 정도 굽다가 오븐 온도를 180°C로 내려 30분 정도 더 구워주세요.

톡톡 씹히는 맛이 일품

파피시드베이글

담백함이 매력적인 베이글은 여자들이 특히 좋아하는 빵이랍니다.
크림치즈를 살짝 발라 먹어도 좋고 샌드위치를 푸짐하게
만들어 먹어도 일품이지요. 베이글샌드위치에 커피 한잔으로
세련된 아침을 시작해보세요.

 ★★☆

 12~15분

 210℃

 재료(6개분)

강력분	300g
인스턴트 드라이이스트	4g
설탕	15g
소금	6g
식물성 오일	10g
물	165g
파피시드(양귀비 씨앗)	30g

*파피시드가 없으면 생략해도 되고 건포도, 호두, 양파 등으로 대체해도 됩니다.

1 반죽과 1차 발효는 16쪽을 참고하세요.

재료를 모두 넣어 반죽과 1차 발효를 마치면 6등분으로 나누어 둥글려주고

2 베이글은 중간 발효를 하지 않아요.

밀대를 이용해 15×10cm 크기의 타원형으로 밀어주세요.

3

돌돌 말아 이음새를 꼬집듯이 붙이고

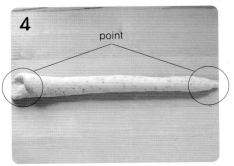

4 point

양쪽 끝의 굵기를 각각 다르게 말아

5 안쪽 원형의 지름이 3cm 정도 되도록 말아주세요.

3cm

얇은 부분을 두꺼운 쪽으로 끼워넣듯 붙여서 링 모양을 만들어요.

6

완성된 반죽은 유산지에 올려 30분 정도 2차 발효시키고

7 베이글 특유의 쫄깃한 식감을 위해 살짝 데쳐주는 것이랍니다.

발효가 끝나면 끓는 물에 앞뒤로 각각 30~40초 데쳐준 후 물기를 빼주세요.

8

오븐팬으로 옮겨 210℃로 예열된 오븐에서 12~15분 정도 구워내세요.

😊🍴 미애의 친절한 한마디

예쁜 베이글을 만들려면?
2차 발효가 끝난 베이글을 끓는 물에 살짝 데친 후 재빨리 물기를 빼주고 가능하면 1분 이내에 오븐에 넣어 구워주세요. 그래야 통통하고 매끈한 베이글을 만들 수 있어요.

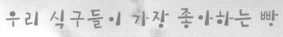
우리 식구들이 가장 좋아하는 빵
시나몬롤

난생처음 만들어본 발효빵이 바로 시나몬롤이에요.
서툰 솜씨였음에도 식구들 모두 엄지손가락을
치켜들어주었어요. 은은한 계피향과 흑설탕의 깊은
달콤함에 반할 수밖에 없답니다.

 ★★☆

 15분

 180℃

 재료(12개분)

빵 반죽

강력분	360g
박력분	40g
인스턴트 드라이이스트	7g
설탕	40g
소금	8g
버터	60g
달걀노른자	2개
우유	220g

필링

흑설탕	100g
다진 호두	60g
녹인 버터	40g
계핏가루	3/4작은술

아이싱

우유	10g
슈거파우더	50g

1

녹인 버터에 흑설탕과 다진 호두, 계핏가루를 넣어 모두 섞고

2

반죽과 1차 발효는 16쪽을 참고하세요.

1차 발효된 반죽은 가볍게 공기를 빼주고 중간 발효 없이 밀대로 30×30cm 크기의 사각형으로 밀어놓아요.

3

밀어놓은 반죽 위에 1번의 필링 재료를 골고루 펼쳐주세요.

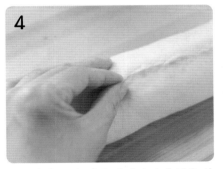

4

김밥처럼 돌돌 말아 가장자리에 물을 살짝 묻혀 꼬집듯이 붙여요.

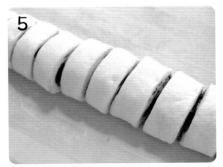

5

12등분으로 나누어 자른 다음

6

1회용 알루미늄 마들렌 접시에 담아

7

40분가량 2차 발효를 시킵니다.

8

발효가 끝나면 180℃로 예열된 오븐에서 15분가량 구워주세요.

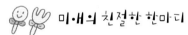 미애의 친절한 한마디

달콤한 아이싱을 뿌려보세요
우유에 슈거파우더를 걸쭉하게 개어 만든 아이싱을 빵 위에 뿌려보세요. 한결 사랑스러운 시나몬롤이 된답니다. 단, 아이싱은 빵이 완전히 식은 후에 뿌려야 녹지 않아요.

특유의 담백함이 매력적인

올리브포카치아

포카치아는 이탈리아 서민들이 즐겨 먹던 빵이라고 하지요.
심플한 재료에 만드는 방법까지 간단해 □한 빵을
좋아하는 분들이라면 추천해드리고픈 빵이랍니다.
토핑 재료에 따라 여러 가지 맛을 즐길 수 있고 샌드위치
빵으로 사용해도 좋아요.

 ★ ☆ ☆

 15분

 220℃

 재료(2개분)

빵 반죽

강력분	160g
박력분	40g
인스턴트 드라이이스트	2g
설탕	5g
소금	5g
물	120g
올리브유	15g

토핑

통조림 올리브	적당량
올리브유	적당량

1

통조림 올리브는 물기를 빼고 얇게 슬라이스해놓으세요.

2

반죽과 1차 발효는 16쪽을 참고하세요.

반죽이 끝나면 둥글게 말아 볼에 넣고

3

손가락으로 눌렀을 때 그대로 있으면 발효가 잘 된 것이에요.

랩을 씌워 40분 정도 1차 발효시킨 다음 두 배 정도 부풀면 발효를 끝내요.

4

가볍게 눌러 공기를 빼낸 후 2등분으로 나누어 둥글게 말아 비닐을 덮어 15분간 중간 발효를 시켜요.

5

반죽을 손바닥으로 가볍게 눌러가며 지름 20cm 정도의 납작한 원형으로 만들어 포크로 여러 군데 찔러준 다음 40분 정도 2차 발효를 시켜요.

6

발효가 끝나면 토핑용 올리브유를 듬뿍 바르고

7

토핑으로 로즈메리 같은 허브류나 양파, 대파 등 야채를 얹어도 좋아요.

미리 준비해놓은 올리브를 얹고 손가락으로 눌러 고정시켜주세요.

8

220°C로 예열된 오븐에서 15분가량 구워

9

담백한 포카치아는 그냥 드셔도 좋고 샌드위치로 만들어도 그만이에요.

식힘망으로 옮겨 충분히 식히세요.

펌프킨브레드

새노란 빵결이 너무 예쁜

장 보러 갔다가 예쁘게 생긴 단호박이 눈에 띄면 냉큼
장바구니에 담습니다. 부기를 가라앉혀준다는 단호박,
새노란 속살 때문에 빵으로 만들어도 소박한 맛이 있지요.
달콤한 시럽을 듬뿍 뿌린 후 구웠더니 빵에 달콤함이
가득 배어 있네요.

 ★ ☆ ☆

 20분

 180℃

 재료
(21cm 원형틀 1개분)

빵 반죽

강력분	250g
인스턴트 드라이이스트	4g
설탕	35g
소금	4g
버터	35g
달걀	1/2개
우유	70g
단호박 익힌 것	120g
다진 호두	60g
호박씨	적당량

토핑용 버터

버터	35g
설탕	20g
럼주	5g

미리 준비해두세요
2차 발효를 하는 동안 버터와 설탕
을 중탕으로 녹이고 럼주를 섞어
토핑용 버터를 만들어놓으세요.

1

익힌 단호박을 포크로
잘게 으깨서 우유와 함께
섞어도 됩니다.

단호박은 껍질을 벗기고 전자레인지에 익혀 우유와 함께 갈아놓으세요.

2

반죽과 1차 발효는
16쪽을 참고하세요.

갈아놓은 단호박과 나머지 빵 반죽 재료를 모두 넣고 반죽하다가 반죽이 끝날 무렵, 다진 호두를 넣어 마무리해요.

3

반죽을 둥글게 말아 볼에 넣고 랩을 씌워 50분 정도 1차 발효시키고

4

발효가 끝나면 20g 정도로 일정하게 나누어 둥글리기를 한 후 비닐을 덮어 15분 동안 중간 발효를 시켜요.

5

중간 발효가 끝나면 다시 가볍게 한 번 둥글리기를 하여 반죽 속의 공기를 빼주세요.

6

동그랗게 성형한 반죽을 준비한 21cm 원형틀에 고른 간격으로 넣고 45분 정도 2차 발효시켜요.

7

발효가 끝나면 준비해두었던 토핑용 버터를 골고루 끼얹고 호박씨로 장식해요.

8

180℃로 예열한 오븐에서 20분 정도 구우면 완성.

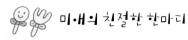 미애의 친절한 한마디

원하는 빛깔의 빵 만드는 법
똑같은 오븐이라도 조금씩 온도 차이가 있기 마련이랍니다. 빵이나 케이크를 굽는 도중 시간은 많이 남았는데 이미 적정한 색깔에 이르렀을 때는 알루미늄 호일을 한두 장 겹쳐 덮어주세요. 호일 한 장이 빵의 색깔에 중요한 역할을 한답니다.

 ★☆☆

 10~15분

 180℃

따뜻한 모닝빵과 커피 한잔

요구르트모닝빵

만들기 제일 쉬운 빵 중 하나가 모닝빵이랍니다.
방금 오븐에서 구워져 나온 따끈따끈한 모닝빵은 딸기잼만
발라 먹어도 흐뭇해지지요. 요구르트모닝빵은 설탕 대신 꿀과
플레인요구르트를 넣어 더욱 촉촉하고 부드러워요.

재료 (23×23cm 사각틀
1개, 16개분)

강력분	300g
인스턴트 드라이이스트	6g
꿀	40g
소금	5g
버터	35g
우유	150g
플레인요구르트	60g

반죽과 1차 발효는 16쪽을 참고하세요.

재료를 모두 넣어 반죽을 하고 반죽이 끝나면 둥글게 말아 볼에 담고 랩을 씌우세요.

손가락으로 눌렀을 때 그대로 있으면 발효가 잘 된 것이에요.

40분 정도 1차 발효시킨 다음 손가락으로 찔러 발효를 확인하고

손으로 가볍게 눌러 반죽 속 공기를 빼주세요.

16등분으로 나누어 표면이 매끄럽도록 둥글리기를 한 후 비닐을 덮어 15분 동안 중간 발효시켜요.

다시 한 번 공기를 가볍게 빼주며 둥글리기를 하여 준비한 빵틀에 적당한 간격을 두고 놓아주세요.

이 상태 그대로 30분 정도 2차 발효시킨 후

180°C로 예열된 오븐에서 10~15분 정도 노릇하게 구워주세요.

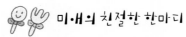 미애의 친절한 한마디

빵 틀이 없다면?
일반적인 모닝빵처럼 낱개로 둥글려서 구워도 좋아요.

소시지롤빵

카레 향이 향긋한 반죽으로 소시지를 돌돌 말아주었어요.
빵 위에는 파르마산 치즈가루를 솔솔 뿌려 풍미를 더했답니다.

 ★☆☆

 8~10분

 200℃

 재료(10개분)

강력분	200g
카레가루	10g
인스턴트 드라이이스트	4g
설탕	25g
소금	4g
버터	30g
달걀	1/2개
우유	120g
프랑크소시지	10개
파르마산 치즈가루	적당량

1

반죽과 1차 발효는
16쪽을 참고하세요.

반죽이 끝나면 45분 정도 1차 발효시키고

2

10등분으로 나누어 둥글리기 한 다음 비닐을 덮어 15분간 중간 발효시켜요.

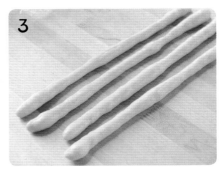

3

양손으로 반죽을 좌우로 굴리면서 35cm 정도 늘인 후

4

프랑크소시지는
미리 끓는 물에
데쳐주면 좋아요.

준비한 프랑크소시지에 돌돌 말아 반죽이 풀리지 않도록 시작과 끝을 반죽과 소시지 사이로 밀어넣어요.

5

반죽에 파르마산 치즈가루를 골고루 묻혀

6

적당한 간격을 두고 오븐팬에 놓은 다음

7

30분 정도 2차 발효시켜 200℃로 예열된 오븐에서 8~10분 정도 구워주세요.

 미애의 친절한 한마디

치즈가루 대신 빵가루를 입혀 구워보세요
파르마산 치즈가루 대신 빵가루를 입혀 오븐에 구워보세요. 기름에 튀기지 않고도 담백하고 바삭한 소시지롤빵을 즐길 수 있답니다.

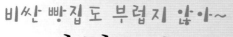

비싼 빵집도 부럽지 않아~
크림치즈호두빵

크림치즈를 좋아하시나요? 크림치즈를 좋아하는
당신이라면 꼭 한번 만들어보아야 하는 빵이랍니다.
입맛이 촌스러워 크림치즈를 즐기지 않는 저도
자꾸만 손이 가는 빵이거든요.

★☆☆

 15~20분

 180℃

 재료 (9개분)

빵 반죽

강력분	300g
인스턴트 드라이이스트	4g
설탕	35g
소금	5g
버터	30g
달걀	1개
물	130g
다진 호두	80g

크림치즈 필링

크림치즈	350g
설탕	20g
통호두	9개

1 크림치즈는 부드럽게 녹여 설탕과 함께 섞어놓으세요.

2 빵 반죽 재료를 모두 넣어 반죽하다가 반죽이 끝나면 랩을 씌워 45분 정도 1차 발효시켜요.

> 반죽과 1차 발효는 16쪽을 참고하고 호두는 반죽이 끝날 무렵 넣으세요.

3 반죽을 9등분으로 나누어 둥글게 말아 비닐을 덮고 15분 정도 중간 발효를 시켜요.

4 손으로 가볍게 누른 반죽 위에 크림치즈를 40g 정도 올리고 잘 오므려 붙여요.

5 오므려 붙인 이음새가 바닥으로 가도록 팬에 올리고 40분가량 2차 발효를 시켜요.

6 발효가 끝나면 반죽 위에 통호두를 얹고 다른 팬으로 빵 두께가 2cm 정도 되도록 지그시 눌러요.

7 눌러놓은 팬째로 180℃로 예열된 오븐에서 15분가량 구우세요.

> 굽는 도중 위아래 빵 색을 확인하여 뒤집어주면 더 예쁜 빛깔로 구울 수 있어요.

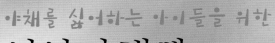

야채를 싫어하는 아이들을 위한
영양야채빵

냉장고 속에 조금씩 남아 있는 야채를 이용해보세요.
야채를 싫어하는 아이들은 많아도 피자치즈를 듬뿍 올려 구운
야채빵을 싫어하는 아이들은 별로 없답니다.
우유 한잔이면 몇 조각은 맛있게 먹어 치울 거예요.

 ★★☆

 15분

 180℃

 재료(4개분)

빵 반죽

강력분	200g
박력분	50g
인스턴트 드라이이스트	5g
설탕	35g
소금	5g
버터	40g
달걀	1개
물	50g
우유	50g

야채 필링
양파, 피망, 햄, 통조림 옥수수,
마요네즈, 피자치즈 ······ 적당량

반죽과 1차 발효는 16쪽을 참고하세요.

반죽과 1차 발효가 끝나면 12등분으로 나누어 둥글리기를 하고 비닐을 덮어 15분 정도 중간 발효를 시켜요.

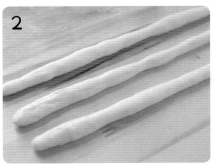

중간 발효가 끝난 반죽을 양손바닥으로 밀어 30cm 정도로 길게 늘여주고

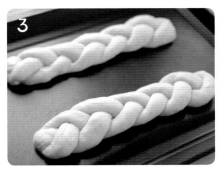

늘인 반죽을 세 가닥으로 보기 좋게 땋아 45분 정도 2차 발효를 시켜요.

모든 **야채 필링** 재료들을 잘게 잘라 적당량의 마요네즈에 버무려 야채 샐러드를 만들어 놓으세요.

마요네즈는 반죽과 야채 필링의 접착제 역할을 한답니다.

2차 발효가 끝난 반죽 위에 마요네즈를 살짝 뿌린 후

야채 샐러드와 피자치즈를 적당량 올려준 다음

취향에 따라 토마토케첩이나 파슬리를 뿌리면 훨씬 먹음직스럽지요.

180°C로 예열된 오븐에서 12~15분 정도 구우면 완성.

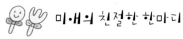 미애의 친절한 한마디

반죽을 너무 촘촘하게 땋지 마세요

세 가닥으로 땋아주는 성형을 할 때 너무 촘촘하게 땋지 않도록 주의해주세요. 너무 촘촘하게 땋으면 덜 폭신할 수 있어요.

바삭한 껍질 속에 촉촉한 빵결

멀티그레인바게트

이젠 바게트도 집에서 직접 구워 드세요. 잡곡가루를 듬뿍 넣은
구수한 바게트는 어떨까요? 다진 마늘과 버터를 섞어 빵에 발라
오븐에 구우면 멋진 마늘 바게트도 즐길 수 있답니다.

 ★★★

 30분

 200℃

 재료(3개분)

빵 반죽

강력분	280g
멀티그레인	120g
인스턴트 드라이이스트	7g
설탕	20g
소금	2g
버터	20g
물	230g

틀 코팅용(분량 외)

식물성 오일	적당량

1 반죽과 1차 발효는 16쪽을 참고하세요.

바게트는 반죽을 할 때 일반적인 반죽보다 약간 빨리 끝내고 2배 정도 부풀 수 있도록 50분 정도 1차 발효시켜주세요.

2

손으로 눌러 공기를 빼주고 3등분으로 나눈 다음 둥글게 말아 비닐이나 면보를 덮어 20분 정도 중간 발효시켜요.

3

밀대로 25cm 길이의 타원형이 되도록 가볍게 밀어주고

4

손으로 눌러주며 1/3씩 포개 접은 다음

5

똑같은 방법으로 한 번 더 단단하게 접어준 뒤 꼬집듯이 이음새를 붙이세요.

6

식물성 오일을 가볍게 바른 틀에 반죽을 놓고 비닐이나 면보를 덮어 45분 정도 2차 발효를 시키고

7

발효가 끝나면 5분 정도 반죽 표면이 마르도록 두었다가 칼날을 뉘어서 거의 수직 형태로 칼집을 넣어요.

8 굽기 시작해 4분 정도 지나 오븐 안에 물스프레이를 다시 한 번 뿌려주세요.

220℃로 예열된 오븐에 스프레이로 물을 듬뿍 뿌린 반죽을 넣고 오븐 온도를 200℃로 내려 30분가량 구워주세요.

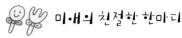 미애의 친절한 한마디

일반 바게트도 만들어보세요
레시피에서 멀티그레인을 빼고 강력분 320g, 중력분 80g, 인스턴트 드라이이스트 7g, 설탕 20g, 버터 20g, 소금 7g(시판되는 멀티그레인에는 소량의 소금이 첨가돼 있어 소금을 더 넣었어요), 물 230g으로 조정하면 일반 바게트가 됩니다.

베이컨팝업브레드

베이컨과 롤치즈가 만나

아이들이 좋아하는 베이컨에 롤치즈까지…
아이들의 입맛을 사로잡는 빵이지요.
머핀 틀에 구우면 모양내기도 편하답니다.

 ★ ☆ ☆

 20분

 180℃

 재료(12개분)

빵 반죽

강력분	330g
인스턴트 드라이이스트	7g
설탕	25g
소금	4g
버터	35g
달걀	1/2개
물	85g
우유	85g

필링 재료

다진 베이컨	60g
다진 호두	30g
다진 양파	60g
파슬리가루	1큰술
바질가루	1/2작은술
롤치즈	적당량

달걀물

달걀노른자	1개
물	1큰술

1 반죽과 1차 발효는 16쪽을 참고하세요

빵 반죽 재료를 모두 넣어 반죽하다가 마무리 무렵 롤치즈를 제외한 필링 재료를 섞은 다음 1차 발효시켜요.

2

발효가 끝나면 12등분으로 나누어 둥글게 말아 비닐을 덮어 15분 정도 중간 발효를 시켜주세요.

3

손으로 가볍게 눌러 공기를 빼주고 롤치즈를 얹은 후 이음새는 꼬집듯이 붙여요.

4 머핀 틀 사이즈에 따라 나누는 반죽 양은 달라질 수 있어요.

이음새 부분이 아래로 가도록 머핀 틀에 넣고

5

틀 위로 부풀 만큼 30분 동안 2차 발효를 시켜주세요.

6

2차 발효가 끝나면 달걀물을 발라주고

7

180℃로 예열된 오븐에서 20분 정도 노릇하게 구워주세요.

 미애의 친절한 한마디

플라스틱통을 이용해보세요. 발효시킬 때 비닐이나 면보 대신 넉넉한 높이의 플라스틱통을 이용해보세요. 훨씬 편리하답니다.

씹을수록 구수한 맛
호밀빵

가끔은 달콤하고 부드러운 빵보다 구수하고 담백한
빵이 생각날 때가 있지요. 조금은 덜 달콤하고 조금은
덜 부드럽지만 씹을수록 고소함이 느껴지는 담백한 호밀빵.

★☆☆

 15~20분

 180℃

 재료(4개분)

강력분	170g
호밀가루	80g
인스턴트 드라이이스트	5g
설탕	20g
소금	5g
버터	15g
물	160g
다진 호두	75g

미리 준비해두세요
빵 반죽에 들어가는 호두는 미리 살짝 볶아
두었다가 사용하면 더욱 고소합니다.

반죽과 1차 발효는
16쪽을 참고하세요.

반죽과 1차 발효가 끝나면 반죽을 4등분
으로 나누어 둥글리기 하고 비닐을 덮어
20분 정도 중간 발효시켜주세요.

타원형으로 밀어 양쪽의 반죽을 1/3씩 접
어 서로 포개지도록 맞접어주세요.

다시 맞대어 접어주고 꼬집듯이 이음새를
붙여

고구마 모양이 되도록 만들어주세요.

오븐팬으로 옮겨 45분 정도 2차 발효를
하고, 발효가 끝나면 보기 좋게 칼집을 내
주세요.

반죽에 스프레이로 물을 듬뿍 뿌려 200℃
로 예열된 오븐에 넣고 바로 오븐 온도를
180℃로 내려 15~20분 정도 구워주세요.

51

세서미브레드

주문을 외워보세요, 열려라 참깨

어릴 적 엄마가 깨를 볶던 날이면 온 집 안이 고소한 깨소금
냄새로 진동하던 기억이 떠오릅니다. 몸에 좋다는 검은깨와
참깨가 식빵에 콕콕 박혀 있어요. 한눈에도 고소함이
느껴지는 식빵이랍니다.

 ★☆☆

 25~30분

 180℃

 재료
(21.5X9.5X9.5cm 식빵틀 1개분)

재료	분량
강력분	280g
인스턴트 드라이이스트	4g
소금	5g
설탕	12g
물엿	20g
버터	15g
달걀	1/2개
생크림	25g
물	140g
간 검은깨(반죽용)	30g
참깨(토핑용)	적당량

반죽과 1차 발효는
16쪽을 참고하세요.

반죽과 1차 발효가 끝나면 손으로 가볍게 눌러 공기를 빼주세요.

반죽을 둘로 나누어 둥글리기를 하고 비닐을 덮어 15분가량 중간 발효를 시켜주세요.

밀대로 밀어 빵틀의 넓이만큼 타원형으로 만들고 서로 맞대어 접어주고.

다시 둥글게 말아주듯 접어서 꼬집듯이 붙여주세요.

반죽 전체에 살짝 물칠을 하고 참깨를 골고루 묻혀

준비한 식빵틀에 두 개의 반죽을 나란히 넣어

반죽이 틀 위로 살짝 부풀 때까지 30~40분 동안 2차 발효를 시키세요.

2차 발효가 끝나면 180℃로 예열된 오븐에서 25~30분 정도 구워주세요.

소보로와 단팥빵이 하나로
소보로트위스트단팥빵

 ★★☆

 12분

 180℃

 재료 (5개분)

빵 반죽

강력분	160g
박력분	40g
인스턴트 드라이이스트	4g
설탕	30g
소금	3g
버터	30g
달걀	1개
물	70g

소보로 반죽

중력분	90g
옥수수가루	30g
베이킹파우더	2g
설탕	50g
물엿	9g
버터	45g
땅콩버터	20g
달걀노른자	1개

필링

고운 팥앙금	320g

남편이 빵집에 들렀다가 오는 날이면 늘 빠지지
않고 사 오는 빵 두 가지가 있었는데 바로 단팥빵과
소보로빵이랍니다. 요즘엔 남편이 빵을 사 오는 일보다
저에게 빵을 주문하는 일이 더 잦아졌네요.
이 빵은 단팥빵과 소보로빵을 함께 주문하는 날에 딱이에요.

소보로 만들기

1

상온에서 녹인 버터와 땅콩버터를 거품기로 부드럽게 저어주고

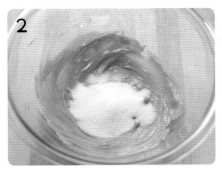

2

설탕을 넣고 골고루 섞은 다음

3

달걀노른자를 넣어 충분히 저어주세요.

4

중력분과 옥수수가루, 베이킹파우더를 체에 내려 넣고

5

주걱으로 자르듯이 가볍게 섞다가

6

양손으로 살짝 비비듯이 뭉쳐주세요.

7

소보로는 다른 메뉴에도 다양하게 활용할 수 있어요.

완성한 소보로는 밀폐 용기에 담아 냉장실에 넣어두세요.

반죽하여 모양 만들어 굽기

8

반죽과 1차 발효는 16쪽을 참고하세요.

빵 반죽 재료로 반죽을 하고 1차 발효가 끝나면 반죽 속의 공기를 빼고 5등분으로 나누어 둥글게 말아 비닐을 덮고 15분 동안 중간 발효를 시켜요.

9

중간 발효가 끝나면 길이 25cm 정도의 타원형으로 밀어 1개 분량의 팥앙금을 반죽 위에 바르듯 펼치고

10

돌돌 말아 꼬집듯 붙여요.

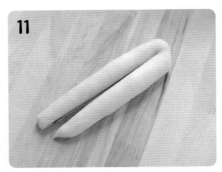

11

길이로 가운데에 칼집을 넣어 둘로 나눈 다음

12

보기 좋게 꼬아 모양을 만들고 붓을 이용해 가볍게 물을 발라요.

13

만들어놓은 소보로를 물을 바른 빵 위에 듬뿍 얹고 손으로 지그시 누른 다음 오븐팬에 적당한 간격을 두고 옮겨놓은 후 40분 정도 2차 발효를 시켜주고

14

180°C로 예열한 오븐에서 12분 정도 구워주세요.

블루베리초프

보랏빛 향기의 매력에 빠져들다

 ★★★

 10분

 200℃

 재료 (2개분)

빵 반죽

강력분	200g
박력분	50g
인스턴트 드라이이스트	5g
설탕	40g
소금	4g
버터	35g
달걀노른자	1개
냉동블루베리	80g
물	70g
레몬즙	1작은술

필링

럼주	1큰술
건조블루베리	80g

장식

달걀흰자	1개
설탕(장식용)	약간

블루베리는 과일 중에서도 으뜸이라 할 정도로 영양이
풍부하지요. 블루베리가 보라색을 띠는 이유는 안토시안
때문인데 항산화제가 풍부해 노화 방지, 시력 보호,
여러 가지 질병 예방 등에 탁월한 효능을 발휘한답니다.

1

냉동블루베리는 물과 함께 커터기에 갈아 다른 빵 재료와 함께 넣고 반죽을 하세요.

2

건조블루베리는 미리 럼주에 담가놓았다 물기를 제거한 뒤 반죽이 끝날 무렵 넣어주세요.

3

반죽과 1차 발효는 16쪽을 참고하세요.

반죽이 끝나면 볼에 담고 랩을 씌운 채 40여 분 1차 발효를 시키고

4

발효할 때에는 비닐이나 면보를 덮어 반죽이 마르지 않도록 하세요.

발효가 끝나면 가볍게 눌러 공기를 빼낸 후 8등분으로 나누어 다시 15분 정도 중간 발효를 시켜요.

5

중간 발효가 끝나면 나누어놓은 반죽을 각각 손으로 눌러가며 둥글게 만들어주세요.

6

서로 맞대어 접은 다음

7

다시 단단하게 접어서 가장자리를 꼬집듯이 붙여주고

8

가운데 부분을 살짝 두껍게 해주면 볼륨감 있는 빵 모양이 된답니다.

7번의 반죽을 30cm 정도의 길이로 길게 늘여놓으세요.

9

늘여놓은 네 개의 반죽을 십자형으로 붙이고

10

오른쪽 반죽은 왼쪽 위로, 왼쪽 반죽은 오른쪽 아래로 가도록 옮겨주세요.

11

아래의 반죽은 왼쪽 위로, 위의 반죽은 오른쪽 아래로 가도록 놓고 다시 10번, 11번 과정을 반복해서 빵 모양을 완성하세요.

12

끝부분을 잘 붙여 밑으로 밀어넣은 다음 오븐팬으로 옮겨 30분 정도 2차 발효를 시켜요.

13

발효가 끝나면 반죽 표면에 달걀흰자를 고루 바른 후 설탕을 가볍게 뿌리고

14

200°C로 예열된 오븐에서 10분 정도 구워주세요.

 미애의 친절한 한마디

블루베리에 레몬즙을 약간 넣어보세요

블루베리는 비타민 C가 풍부하고 시력을 좋게 하는 물질인 안토시안이 딸기보다 10배 더 많이 들어 있어 건강에 좋은 식품이지요.

블루베리에 레몬즙을 약간 넣으면 블루베리의 보랏빛이 더욱 예쁘게 살아난답니다.

아몬드크림의 고소한 맛
아몬드크림밤빵

아몬드크림과 달콤한 밤조림을 넣고 달팽이처럼
돌돌 말아 구운 빵이에요. 아몬드크림의 고소함이
빵과 함께 잘 어우러져 고급스러움을 더해주지요.
밤 대신 고구마나 건조과일을 넣어도 맛있답니다.

 ★★★

 15분

 190℃

 재료(8개분)

빵 반죽

강력분	160g
박력분	40g
인스턴트 드라이이스트	4g
설탕	25g
소금	4g
버터	20g
달걀	1/2개
우유	90g

아몬드크림

아몬드가루	30g
옥수수전분	30g
설탕	20g
크림치즈	40g
버터	30g
달걀	1/2개
통조림 밤	1/2캔

달걀물

달걀노른자	1개
물	20g

아몬드크림 만들기

1
말랑한 상태의 버터와 크림치즈에 설탕을 넣고 거품기로 섞다가

2
달걀을 두세 번에 나누어 넣으면서 충분히 섞어주세요.

3
아몬드가루와 옥수수전분을 함께 체에 내려 넣고

4
고무주걱으로 매끄럽게 잘 혼합하여 아몬드크림을 완성해요.

빵 만들기

5
빵 반죽 재료를 넣고 치대어 반죽을 해요.

반죽과 1차 발효는 16쪽을 참고하세요.

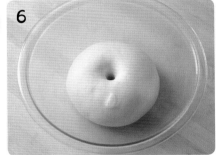

6
반죽이 두 배 정도 부풀 때까지 40~50분 정도 1차 발효시키고

7
발효가 끝나면 손으로 가볍게 눌러 반죽 속의 공기를 빼주고 다시 둥글게 말아 면 보나 비닐을 덮어 15분 정도 중간 발효시켜요.

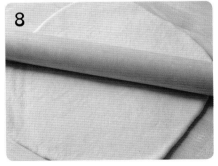

8
밀대로 25cm×25cm 크기로 편편하게 밀고

9
미리 만들어놓은 아몬드크림을 넉넉하게 바른 다음

10

아몬드크림 위에 잘라놓은 통조림 밤을 골고루 얹고

11

김밥을 말듯이 돌돌 말아 끝부분을 꼬집 듯 붙여요.

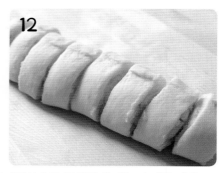

12

8등분으로 균일하게 나누어 자른 다음

13

은박 접시에 하나씩 담아 30분 정도 2차 발효를 하고

14

달걀과 물을 1:1로 혼합한 달걀물을 빵 반 죽 표면에 골고루 발라주세요.

15

190℃로 예열된 오븐에서 15분 정도 구워

16

식힌 빵은 꼭 밀폐시켜 보관해주세요.

바로 식힘망으로 옮겨 식혀주세요.

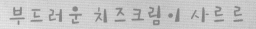

마카롱치즈크림빵

마카롱 반죽을 발라 구운 빵이에요. 한입 베어 물면 바삭한 마카롱에
반하고 달콤한 치즈크림의 부드러움에 또 한번 반한답니다.
무언가 달콤하고 부드러운 게 그리울 땐 꼭 한번 만들어보세요.

★★★

 15분

 190℃

 재료(8개분)

빵 반죽

강력분	200g
인스턴트 드라이이스트	4g
설탕	20g
소금	3g
버터	15g
달걀노른자	1개
물	120g

치즈크림

크림치즈	150g
설탕	50g
버터	10g
달걀	1개
우유	100g
박력분	10g
옥수수전분	20g

마카롱 반죽

달걀흰자	1개
아몬드가루	달걀흰자와 동량
슈거파우더	달걀흰자와 동량

마무리

슈거파우더	적당량

치즈크림 만들기

1 내열 용기에 부드러운 크림치즈와 설탕을 섞고

2 풀어놓은 달걀을 조금씩 넣어주며 혼합한 다음

3 박력분과 옥수수가루를 체에 내려 잘 섞어요.

4 따끈하게 데운 우유를 조금씩 넣으며 매끄럽게 섞고 전자레인지에서 2분 정도 데운 후 꺼내 잘 혼합하고 다시 2분 정도 데워요.

치즈크림은 완성 후 랩을 씌워 식힌 다음 사용하세요. 처음에는 반죽이 묽은 듯하지만 식으면서 되직해진답니다.

5 크림이 뜨거울 때 버터를 넣고 녹이듯 저어주세요.

마카롱 반죽 만들기

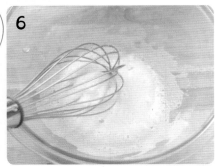

6 달걀흰자를 거품기로 저어 가볍게 거품을 내주고

빵 반죽하여 모양 만들기

마카롱 반죽은 2차 발효를 하는 동안 만들면 시간이 맞아요.

7
달걀흰자와 동량의 슈거파우더와 아몬드 가루를 체에 내려 골고루 섞어주세요.

반죽과 1차 발효는 16쪽을 참고하세요.

8
빵 반죽 재료를 모두 넣어 반죽하고 1차 발효가 끝나면 가볍게 눌러 공기를 빼준 다음 8등분으로 나누세요.

9
둥글게 말아 비닐을 덮어 15분 정도 중간 발효를 시켜요.

10
중간 발효가 끝나면 손바닥으로 가볍게 눌러 납작하게 한 다음 만들어놓은 치즈크림 40g을 얹고

11
오므려 크림이 새지 않도록 이음새를 꼼꼼하게 붙여

12
오븐팬에 이음새가 바닥으로 가도록 놓고 30분 정도 2차 발효를 시키세요.

13
2차 발효가 끝나면 마카롱 반죽을 표면에 얇게 발라 10분 정도 실온에서 말려주세요.

14
굽기 직전에 슈거파우더를 가는 체에 내려 마카롱 위에 뿌리고

15
190℃로 예열된 오븐에서 15분 정도 구워주세요.

크리스마스에 굽는 빵

파네토네

크리스마스 시즌에 즐기는 몇 가지 빵 중 파네토네가 있지요.
건포도, 설탕에 절인 건조과일, 견과류 등이
듬뿍 들어가는 아주 리치한 느낌의 빵이랍니다.
꼭 크리스마스가 아니더라도 달콤하고 부드러운 빵이
생각날 때 만들어보세요.

 ★★☆

 15분

 180℃

 재료(12개분)

빵 반죽

강력분	220g
박력분	50g
인스턴트 드라이이스트	8g
설탕	50g
소금	3g
버터	70g
달걀	1개
달걀노른자	1개
우유	90g

필링

건포도	100g
크랜베리	50g
레몬필	50g
럼주	적당량

미리 준비해두세요
건포도와 크랜베리는 2~3등분
해 레몬필과 함께 1시간 정도 럼
주에 담갔다가 반죽이 끝날 즈음
에 물기를 제거한 뒤 넣어주세요.

반죽과 1차 발효는 16쪽을 참고하세요.

빵 반죽 재료를 모두 넣어 반죽이 끝나면 볼에 담아 랩을 씌우고

반죽이 두 배 정도 부풀 때까지 1시간 30분가량 1차 발효를 시켜요.

발효가 끝나면 반죽을 가볍게 눌러 공기를 빼주고 12등분으로 나누어

둥글게 모양을 만들고 비닐을 덮어 30분간 중간 발효시켜요.

머핀 틀 크기에 따라 반죽량이 달라질 수 있어요.

다시 가볍게 공기를 빼주며 둥글게 말아 머핀 틀에 담아요.

틀 위로 1cm 정도 부풀 때까지 1시간 정도 2차 발효를 시킨 뒤

180℃로 예열한 오븐에서 15분 정도 구워

바로 빵틀에서 꺼내 식힘망으로 옮겨주세요.

미애의 친절한 한마디

충분히 발효시켜주세요
파네토네는 다른 빵에 비해 발효가 더딘 빵이랍니다. 충분한 시간을 갖고 발효시켜야 부드러운 질감의 빵을 만들 수 있어요.

무화과미니모카빵

향긋한 커피 향에 무화과가 톡톡

'모카빵' 하면 바삭한 비스킷만 뜯어 먹던 기억,
모두 갖고 있지 않나요? 건포도 대신 말린 무화과를 넣고 작게
만들어보았어요. 무화과가 톡톡 씹히는 새로운 모카빵을 즐겨보세요.

 ★★★

 15분

 180℃

 재료(8개분)

빵 반죽

강력분	340g
인스턴트 드라이이스트	7g
설탕	50g
소금	7g
버터	40g
달걀	1개
물	140g
인스턴트 커피가루	1큰술

필링

반건조무화과	50g
럼주	1작은술

비스킷 반죽

박력분	170g
베이킹파우더	3g
설탕	70g
버터	35g
달걀	1/2개
인스턴트 커피가루	1g
우유	10g

미리 준비해두세요

빵 반죽에 들어가는 물과 커피, 비스킷 반죽에 들어가는 우유와 커피를 미리 섞어 잘 녹여두세요. 우유나 물이 따뜻할수록 커피가 잘 녹는답니다.

비스킷 반죽하기

1

부드러운 버터에 설탕을 두세 번에 나누어 넣고 섞어주세요.

2

버터와 설탕이 충분히 섞이면 달걀을 조금씩 나누어 넣으며 거품기로 섞어주고

3

미지근한 우유에 녹인 커피를 조금씩 흘려 넣으면서 거품기로 섞어주세요.

4

박력분과 베이킹파우더를 체에 내려 넣고 주걱으로 자르듯 혼합하고

5

반죽이 한 덩이로 뭉쳐지면 랩에 싸서 냉장 상태에서 휴지시켜요.

빵 반죽하기

6

무화과는 옥수수 알갱이 크기로 잘라 럼주에 담가놓았다 물기를 제거하고

7

반죽과 1차 발효는 16쪽을 참고하세요. 무화과는 반죽이 끝날 무렵 넣어주세요.

반죽과 1차 발효가 끝나면 반죽을 손으로 눌러 가스를 빼고 8등분으로 나눠주세요.

8

빵 반죽 속의 공기를 빼고 둥글리기 하여 비닐을 덮어 15분 동안 중간 발효시키세요.

9

빵 반죽을 중간 발효시키는 동안 냉장 상태에서 휴지시킨 5번의 비스킷 반죽을 8등분으로 나누어

10

비닐과 비닐 사이에 나누어놓은 비스킷 반죽을 하나씩 놓고 밀대로 밀어주세요.

11

중간 발효시킨 8번의 빵 반죽을 다시 공기를 빼주며 둥글리기를 하여 표면에 물을 살짝 발라주고

12

물을 묻힌 빵 반죽 위에 10번의 밀어놓은 비스킷 반죽을 얹어

13

비스킷용 반죽의 크기는 빵 반죽을 덮어 살짝 아래로 넣어줄 정도면 됩니다.

빵 반죽을 감싸주세요.

14

오븐팬에 적당한 간격을 두고 반죽을 놓고

15

비닐이나 면보를 덮어 30분 정도 2차 발효시킨 다음

16

180°C로 예열된 오븐에 15분 정도 구워주면 완성.

마블미니식빵

마블이 살아 있는 깜찍한 미니 식빵이에요.
만들 때마다 무늬가 달라지는 마술 같은 미니 식빵.
러스크로 만들기 딱 좋은 사이즈랍니다.

★★☆

 15〜20분

 180℃

 재료(31X8cm 식빵틀 2개분)

강력분	350g
인스턴트 드라이이스트	6g
설탕	15g
소금	6g
물엿	20g
버터	15g
달걀	1/2개
생크림	75g
우유	170g
말차가루	6g
코코아가루	6g
물	4작은술

미리 준비해두세요
말차가루 6g + 물 2작은술, 코코아가루
6g+물 2작은술을 각각 개어놓으세요.

말차가루와 코코아가루, 물을 제외한 모든 재료를 넣고 완성한 반죽 중 2/3를 45분 정도 1차 발효시키고

반죽과 1차 발효는 16쪽을 참고하세요.

나머지 1/3은 반으로 나누어 각각 물에 개어놓은 코코아가루와 말차가루를 넣고 반죽하여 다른 볼에 45분 정도 1차 발효시켜요.

흰 반죽은 4등분으로 나누고 말차가루 반죽과 코코아가루 반죽은 2등분 하여 사진과 같이 짝을 맞추어 15분 정도 비닐을 덮어 중간 발효시켜요.

모든 반죽을 지름 15cm 정도의 크기로 밀어놓고

흰 반죽과 색깔 반죽을 교대로 올려놓은 다음

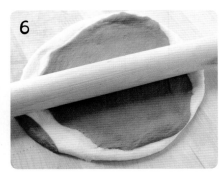

빵틀 사이즈에 맞는 길이로 밀어서

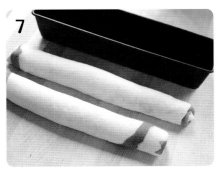

7

돌돌 말아 이음새를 꼬집듯 붙이세요.

8

한쪽 끝은 남겨두고 반으로 자른 후

9

줄무늬가 보이도록 서로 엇갈리게 꼬아서 빵틀에 넣어요.

10

빵틀 높이보다 약간 부풀 만큼 30분 정도 2차 발효시키고

11

180℃로 예열된 오븐에서 15~20분 정도 구우세요.

 미애의 친절한 한마디

1 녹차가루보다는 말차가루를 사용하는 것이 좋아요
녹차가루보다 말차가루의 색깔이 선명하고
예쁜 초록색이라 좀 더 예쁜 색을 원하시면 말차가루를
사용하세요. 말차가루는 제과제빵 재료상에 가면
쉽게 구입하실 수 있답니다.

2 일반 식빵틀에 구워도 무관해요
미니 식빵틀이 없을 때는 일반 식빵틀을 이용하세요.
베이킹에서 어떤 틀에 구워도 상관없으니 다양하게
응용해보세요. 단 빵틀의 크기에 따라 들어가는 반죽량이
달라지므로 굽는 시간의 조절이 필요하답니다.

달콤한 초코크림이 가득~

초코크림소라빵

부드러운 빵 속에 달콤한 초코크림을 가득 넣은 소라빵.
어릴 적엔 예쁜 모양과 달콤한 초코맛에 반해 빵집에 가면
제일 먼저 집어들던 빵이었지요. 소라빵을 파는 빵집이
예전처럼 흔하진 않지만 이젠 걱정 마세요. 집에서 만들어
먹으면 되잖아요.

 ★★★

 10분

 220℃

 재료(8개분)

빵 반죽

강력분	160g
박력분	40g
드라이이스트	4g
설탕	35g
소금	4g
버터	25g
달걀노른자	1개
우유	110g

초코크림

달걀노른자	3개
설탕	75g
우유	370g
옥수수전분	2큰술
코코아가루	1 ½ 큰술
다진 초콜릿	60g

달걀물

달걀노른자	1개
물	20g

소라틀 만들기

1

도화지로 지름 3cm에 길이 15cm의 원형 고깔 모양을 만들고

2

알루미늄 호일로 전체를 감싸 소라빵틀을 준비해요.

초코크림 만들기

3

설탕과 옥수수전분, 코코아가루를 골고루 섞고

4

전자레인지에 뜨겁게 데운 우유를 조금씩 흘려 넣어요.

5

거품기로 멍울이 없도록 잘 혼합하여 전자 레인지에 2분가량 데운 후 거품기로 멍울을 풀어주고 다시 2분 정도 데워주세요.

6

살짝 응고된 크림을 거품기로 저어 풀어주고 달걀노른자를 넣어 잘 섞은 후 다시 전자 레인지에 2분 정도 데우고

7

따뜻할 때 다진 초콜릿을 넣고 거품기로 저어 초콜릿이 완전히 녹으면

8

찬물에 볼째 담가 온도를 낮추고 랩을 크림 위에 밀착시켜 식혀주세요.

반죽 후 성형하여 굽기

9

반죽과 1차 발효는 16쪽을 참고하세요.

반죽과 1차 발효를 마친 빵 반죽을 가볍게 눌러 공기를 뺀 다음 8등분으로 나누어 둥글게 말아 비닐을 덮어 다시 15분간 중간 발효시켜요.

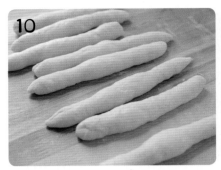

10 중간 발효가 끝나면 반죽을 10cm 정도의 길이로 늘이는 애벌 성형을 하고

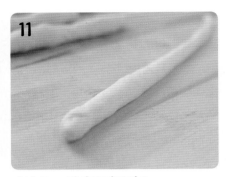

11 다시 40cm 길이로 만들어요.

시작과 끝 부분의 반죽은 풀리지 않도록 밀어 넣어주세요.

12 오일을 살짝 바른 소라틀에 길게 늘인 반죽을 돌돌 말아

13 적당한 간격을 두고 오븐팬에 놓아요.

14 이 상태 그대로 40분 정도 2차 발효시킨 다음 반죽 위에 달걀물을 얇게 발라

짤주머니를 이용해 크림을 채우면 깔끔합니다.

15 220℃로 예열된 오븐에서 10분 정도 굽고 소라틀을 조심스럽게 빼낸 후 빵이 완전히 식으면 크림을 채우세요.

모카쿠키브레드

빵 속으로 숨어버린 커피 향기

커피를 넣은 쿠키 반죽을 빵 반죽으로 감싸주었어요.
빵 굽는 내내 온 집 안에 커피 향이 진동하지요.
은은한 커피 향이 아파트 복도를 가득 채우면
어느새 우리 집은 사랑방이 됩니다.

 ★★★

 30분

 180℃

 재료
(21X9.5X9.5cm 식빵틀 2개분)

빵 반죽

강력분	350g
인스턴트 드라이이스트	8g
설탕	50g
소금	7g
버터	30g
달걀	1개
우유	160g

쿠키 반죽

박력분	100g
아몬드가루	100g
베이킹파우더	1g
설탕	100g
버터	120g
달걀	1/2개
우유	10g
인스턴트 커피가루	4g

쿠키 반죽하기

1

말랑하게 녹인 버터에 설탕을 여러 번에 나누어 넣고 섞다가

2

달걀을 나누어 넣어 섞고

3

미지근한 우유에 녹인 커피를 넣어요.

4

박력분, 아몬드가루, 베이킹파우더를 체에 내려 넣고 주걱으로 자르듯이 섞고

5

반죽이 한 덩이가 되면 랩에 싸서 냉장실에 넣어두세요.

빵 반죽하기

6

> 반죽과 1차 발효는 16쪽을 참고하세요.

45분 정도 1차 발효가 끝나면 반죽 속의 공기를 가볍게 눌러 빼고 둘로 나누어

7

둥글게 말아 비닐이나 면보를 덮어 15분 동안 중간 발효를 시켜요.

8

> 쿠키 반죽을 밀 때 위아래에 비닐을 깔아주면 밀대에 잘 붙지 않아요.

1차 발효가 끝난 빵 반죽과 중간 발효시킨 쿠키 반죽을 25×30cm 크기로 각각 두 개씩 밀고

9

> 빵 반죽보다 쿠키 반죽은 약간 작게 밀어주세요.

빵 반죽 위에 쿠키 반죽을 얹어놓아요.

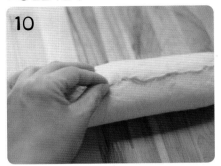

10

돌돌 말아 이음새를 꼬집듯 붙이세요.

11

모양① 말아놓은 두 개의 반죽 중 하나는 끝 부분만 조금 남기고 절반으로 갈라

12

서로 엇갈리게 꼬아 끝이 풀리지 않도록 잘 붙인 다음 빵틀에 넣어요.

13

모양② 또 하나의 반죽은 2cm 두께로, 바닥까지 완전히 잘리지 않도록 깊숙이 칼집을 낸 다음

14

좌우로 벌려 사진과 같은 모양으로 만들어 빵틀에 넣어주세요.

15

빵틀에 넣은 채로 30분 가량 발효시키고

16

발효가 끝나면 180˚C로 예열된 오븐에서 30분 정도 구워주세요.

씹으면 씹을수록 구수함이 느껴져요

통밀빵

여러 가지 잡곡 알갱이를 듬뿍 묻혀 구운 통밀빵이에요.
씹을 때마다 누룽지를 먹는 듯 구수함이 느껴지지요.
갖가지 야채와 햄을 얹은 샌드위치로도 좋아요.

 ★★☆

 25분

 200℃

 재료(2개분)

빵 반죽

강력분	180g
통밀가루	70g
인스턴트 드라이이스트	4g
설탕	10g
소금	4g
버터	10g
물	170g
멀티그레인	적당량

토핑

멀티그레인	적당량

1

반죽이 끝나면 둥글게 말아 볼에 넣고 랩을 씌워

2

반죽과 1차 발효는 16쪽을 참고하세요.

40분 정도 1차 발효시켜요.

3

부푼 반죽을 손으로 가볍게 눌러 반죽 속의 공기를 빼준 후

4

다시 둥글게 말아 볼에 담고 랩을 씌워

5

20분 정도 더 발효를 시켜요.

6

1차 발효가 끝난 반죽을 손으로 가볍게 눌러가며 공기를 빼주고 둘로 나눈 다음

7

둥글게 말아 비닐을 씌워 30분 정도 중간 발효를 시켜요.

8

반죽을 손바닥으로 눌러 15cm 정도의 타원형으로 만들어 접고

9

반대쪽 반죽도 맞대어 접은 후

10

서로 이음새를 꼬집듯이 붙이세요.

11

반죽에 스프레이로 가볍게 물을 뿌리고

12

토핑용으로 준비한 멀티그레인을 전체적으로 듬뿍 묻힌 다음

13

이음새가 바닥으로 가도록 오븐팬에 올려 놓으세요.

14

40분 정도 2차 발효를 시키고 중앙에 칼집을 내준 다음

15

220℃로 예열한 오븐에 스프레이로 물을 듬뿍 뿌린 반죽을 넣고 바로 온도를 200℃로 내려 25분가량 구워주세요.

 미애의 친절한 한마디

멀티그레인이란?

멀티그레인에는 아마씨, 해바라기씨, 압착 보리, 현미, 귀리, 참깨 등이 섞여 있어요. 보통은 토핑용으로 많이 쓰지만 빵 속에 넣으면 씹을수록 구수한 맛이 나지요. 제과제빵 재료상에서 쉽게 구할 수 있답니다.

고급스러운 선물이 필요할 때
호두파이

베이킹에도 계절이 있다네요. 봄엔 빨간 딸기를 곁들인
상큼한 생크림 케이크나 딸기 타르트, 여름엔 시원한
무스 케이크, 그리고 가을에는 바로 파이가 잘 어울린답니다.
파이 중에 호두파이는 사계절 내내 인기 있지요.

 ★★☆

 40분

 180℃

 재료
(21cm 파이 틀 1개분)

파이 반죽

강력분	80g
박력분	80g
소금	2g
버터	110g
달걀노른자	1개
찬물	45g

충전물

호두	200~250g
흑설탕	30g
물엿	150g
버터	30g
달걀	3개
계핏가루	2작은술

파이 반죽하기

1

밀가루는 체에 내려 준비하고

2

찬 버터를 사방 1cm 정도로 잘라 밀가루 위에 넣고 스크래퍼로 미세하게 다지세요.

3

버터가 보슬보슬한 알갱이 상태가 되면 우물처럼 홈을 파 찬물, 소금, 달걀노른자를 섞어 조금씩 넣어주며 주변 가루와 섞어주세요.

4

양손에 스크래퍼를 쥐고 자르듯이 하나의 반죽으로 만들고

5

한 덩이가 되면 랩에 싸서 1시간 이상 냉장고에 넣어 휴지시킵니다.

충전물 만들기

6

버터를 중탕으로 녹이다가 흑설탕과 계핏가루를 넣고 잘 섞은 후

7

물엿을 넣고 저어주다 중탕 볼에서 꺼낸 후 한김 식혀요.

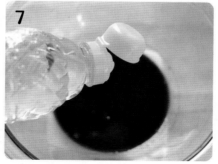

8

풀어놓은 달걀을 조금씩 흘려 넣으며 거품이 나지 않도록 재빨리 저어 식힌 다음

9

달걀 멍울이 남아 있지 않도록 체에 걸러 준비해요.

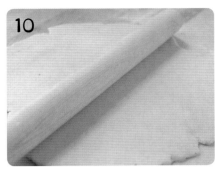

10

휴지시킨 반죽은 덧밀가루를 적당히 사용하여 파이 틀의 크기에 맞게 밀대로 재빨리 밀고

11

파이 틀에 얹어 손가락으로 눌러주며 잘 밀착시킨 다음 나머지 반죽은 잘라내요.

12

포크로 바닥을 여러 군데 찔러 굽는 과정에서 반죽이 부풀지 않도록 한 다음

13

호두를 기름이 없는 프라이팬에 살짝 볶아서 사용하면 더욱 고소해요.

살짝 볶아놓은 호두를 넣고 충전물을 틀의 80% 정도 채워요.

14

180℃로 예열된 오븐에서 40분 정도 구우면 완성.

 미애의 친절한 한마디

1 많은 양의 파이 반죽은?

푸드프로세서를 이용하면 많은 양의 파이 반죽도 쉽게 만들 수 있답니다. 만드는 순서는 수작업과 똑같아요.

2 파이를 맛있게 만들려면?

파이를 만들 때는 모든 재료와 도구들이 차가워야 해요. 손으로 반죽하는 대신 스크래퍼를 이용하는 것도 체온 때문에 버터가 녹는 것을 방지하기 위해서랍니다. 오븐에 들어가기 전까지 버터가 녹지 않도록 모든 과정을 재빨리 마무리해주셔야 더 바삭한 파이를 즐길 수 있어요.

달콤한 초코칩이 듬뿍

초코칩스콘

달콤한 초코칩을 듬뿍 넣어 만든 초코칩 스콘이에요.
학교에서 돌아올 아이를 위해 우유 한잔과
따뜻한 스콘 한 조각 준비해보세요.

 ★ ☆ ☆

 15~20분

 190℃

 재료(9개분)

빵 반죽

박력분	200g
강력분	50g
베이킹파우더	1큰술(12g)
설탕	40g
소금	1/2작은술
버터	100g
우유	65g
달걀	1개
초코칩	80g

달걀물

달걀노른자	적당량
물	1큰술

커터기가 없을 경우에는 84쪽 '파이 반죽하기' 처럼 스크래퍼를 이용하세요.

체에 내린 밀가루와 베이킹파우더, 설탕, 소금을 커터기에 넣고 차가운 버터를 사방 1cm 크기로 잘라 넣은 다음 커터기를 짧게 끊어주며 돌려주세요.

버터가 보슬보슬하게 다져지면 차가운 우유와 달걀을 풀어넣고 다시 돌리고

반죽이 한 덩이로 뭉쳐지면 커터기에서 꺼내요.

반죽에 초코칩을 골고루 섞어준 다음

반죽이 완성되면 랩으로 잘 싸서 냉장고에 1시간 이상 휴지시켜주세요.

반죽이 적당히 굳어지면 2.5cm 정도의 두께로 만들어 모양틀로 찍어주고

오븐팬으로 옮긴 후 달걀물을 발라

190°C로 예열된 오븐에서 15~20분 정도 구워주세요.

part 2

소중한 사람을 위해 준비하는
바닐라표 쿠키

어린 시절 어머니께서 손수 만들어주셨던 간식은 어른이 된 후에도

정말 잊혀지지 않아요. 맛도 맛이지만 엄마의 사랑이 가득 담긴, 세상에 단 하나밖에 없는

과자이기 때문이죠. 이 파트는 아이들뿐만 아니라 어른들도 좋아하는

다양한 쿠키와 타르트 레시피로 구성되어 있어요. 요리 놀이는 아이들 감성 교육에도 좋다고 하니

간단한 것은 아이와 함께 만들어 정성껏 포장해서 주변 사람들에게 선물해보세요.

걸은 바삭, 속은 쫀득쫀득

코코넛로셰

데이트 약속이 잡힌 날, 그를 위해 맛있는 과자 한 봉지를 선물하고 싶다면
코코넛로셰가 딱이죠. 값싼 재료로 간단하게 만들 수 있거든요.
코코넛의 달콤한 향기에 겉은 바삭, 속은 쫀득쫀득한 맛!
상상했던 것보다 훨씬 기분 좋은 맛에 데이트의 분위기가 한껏 고조될 거예요.

★ ☆ ☆

 20분

 160℃

 재료 (60~65개분)

설탕	150g
코코넛채	150g
달걀흰자	2개
바닐라에센스	1/2작은술

1

달걀흰자는 거품기로 저어 멍울을 풀어주고

2

설탕과 바닐라에센스를 넣어 거품기로 고루 녹이고

3

코코넛채를 넣고 부서지지 않도록 주의해가면서 반죽을 뭉쳐요.

4

랩을 씌워 냉장고에서 1시간 정도 두었다가(휴지)

5

화채 스푼으로 덜어내면 균일한 크기로 만들기 편하고 코팅이 덜된 팬은 유산지를 깔고 올리세요.

반죽을 조금씩 덜어내 동그랗게 모양을 만들어 팬에 올리고

6

오븐에서 꺼내자마자 식힘망으로 옮기면 부서지기 쉬워요.

160℃로 예열된 오븐에서 20분간 색을 살피면서 구워내 한김 식힌 후 식힘망으로 옮겨 완전히 식히면 완성.

갈라진 모양새 그대로 멋스러운

크랙쿠키

갈라진 모양새 자체가 은근 멋스러운 쿠키지요.
슈거파우더 사이로 진하게 드러나는 초콜릿 반죽에는
버터 대신 오일을 사용하고 사워크림까지 들어가
그 대조되는 색만큼이나 깊은 맛을 선사합니다.

 ★☆☆

 10~12분

 170℃

 재료(2.5cm 25개분)

박력분	110g
설탕	85g
식물성 오일	45g
달걀	1/2개
사워크림	35g
코코아가루	30g
베이킹소다	1/2작은술
인스턴트 커피가루	1작은술
소금	약간
땅콩	25g
슈거파우더	적당량

1

카놀라유, 포도씨유 등 다양한 식물성 오일을 사용해도 무관하지만 올리브유는 특유의 향 때문에 사용하지 않지요.

식물성 오일에 설탕을 넣어 녹이고

2

달걀을 넣어 고루 풀어준 다음

3

실온의 사워크림을 넣어 고루 섞고

4

바삭한 느낌을 위해 반죽은 뭉쳐지는 정도로만 하세요.

체에 내린 가루류(박력분, 코코아가루, 베이킹소다, 인스턴트 커피가루, 소금)를 넣고 자르듯 섞다가 살짝 구워 식혀둔 땅콩을 섞어주고

5

지퍼락에 넣어 3~4시간 냉장고에 두세요 (냉장 휴지).

6

25등분으로 나눈 반죽을 작은 공 모양으로 만들어 슈거파우더에 굴리고

7

슈거파우더를 적당히 묻혀 살살 털어 팬에 올리고

8

슈거파우더의 하얀색을 유지하려면 색을 살피며 과하지 않게 구우세요.

170°C로 예열된 오븐에서 10~12분간 구워 식힘망에서 충분히 식힌다.

 바닐라의 맛있는 제안

사워크림이 없을 때는?
플레인요구르트의 물기를 빼 사용해도 됩니다. 153쪽 '밍킹의 베이킹 시크릿'을 참고하세요.

땅콩버터와 초콜릿의 절묘한 만남

키세스쿠키

어린 시절 엄마 친구께서 사다 주셨던 키세스초콜릿.
지금이야 쉽게 볼 수 있지만 그 당시만 해도 귀한 것이었죠.
종이로 된 리본을 당겨 하나씩 벗겨내는 재미가 초콜릿
맛보다 더한 설렘을 주었던 것 같아요. 밸런타인데이 선물로
키세스쿠키 준비해 보세요.

 ★ ☆ ☆

 11분

 180℃

 재료(20개분)

박력분	125g
땅콩버터	55g
버터	55g
설탕	50g
달걀	1/2개
우유	15g
바닐라에센스	1/2작은술
베이킹소다	1/2작은술
소금	약간
다진 아몬드(or 땅콩)	약간
키세스초콜릿	20개

1

실온의 버터와 땅콩버터를 섞은 다음 설탕을 넣어 크림처럼 만들고

2

실온에 두었던 달걀과 바닐라에센스는 2~3회로 나누어 넣어 분리되지 않도록 섞어요.

3

체에 내린 가루류(박력분, 베이킹소다, 소금)를 넣어 자르듯 섞고 우유를 섞어주세요.

4

보슬보슬한 소보로 상태가 되면 조심스레 한 덩어리로 뭉치세요.

5

비닐팩에 담아 냉장고에 1시간 이상 넣어 두었다가 (냉장 휴지)

6

납작하게 만들어 냉장고에 보관했던 반죽을 일정하게 자르면 비슷한 크기로 모양내기 쉽답니다.

반죽을 20등분으로 잘라 동그랗게 만든 다음 다진 아몬드에 굴리고

7

약간 납작한 형태로 만든 다음 엄지손가락으로 자국을 내 180℃로 예열된 오븐에서 8분 정도 구워요.

8

준비해둔 초콜릿을 빠르게 얹어 살짝 누르고 다시 오븐에 넣어 3분 정도 더 구워 충분히 식히세요.

 바닐라의 맛있는 제안

다양한 쿠키를 만들어보세요

키세스쿠키 반죽은 여러 가지로 응용이 가능해 키세스쿠키에서 초콜릿을 빼면 땅콩버터 쿠키, 초콜릿 대신 잼을 얹으면 잼쿠키가 된답니다.

뽀송뽀송 노란 모습 그대로

병아리만주

초등학교 때 교문 앞에서 파는 병아리를 집으로 데려온 날.
밤새 울어대는 병아리 걱정에 잠을 못 이루던 기억이 나요.
솜털같이 부드러운 샛노란 병아리가 잊혀지지 않네요.
귀여운 병아리만주에는 노란 고구마를 넣었답니다.

 ★★☆

 20〜25분

 180℃

 재료(10개분)

만주피

달걀노른자	1개
연유	100g
박력분	90g
베이킹파우더	1/2작은술
강력분(덧밀가루)	약간

충전물

고구마	180g
설탕	30g
버터	10g
호두	20g
화이트 초콜릿	10g
소금	약간
바닐라에센스	1/2작은술
달걀노른자	1개

1

풀어둔 달걀노른자를 연유에 고루 섞고

2

가루류(박력분, 베이킹파우더)는 체에 내려 자르듯 섞은 다음

3

반죽을 저장 용기에 담아 냉장고에서 하룻밤 숙성시켜요(휴지).

4

익힌 고구마는 식기 전에 으깨어 나머지 충전물 재료와 모두 섞고 살짝 볶아서 수분을 날려놓아요(충전물).

5

반죽이 매우 질척하니 숙성시킨 후 차가워져 약간 단단한 상태에서 빨리 성형하세요.

숙성시킨 반죽과 충전물을 각각 10개씩 동그랗게 만들어 그릇에 담아놓고(충전물은 만주피의 2배 무게)

6

박력분을 덧밀가루로 쓰면 반죽에 흡수되어 된 반죽이 되니 입자가 굵은 강력분을 덧밀가루로 쓰세요.

입자가 굵은 강력분을 덧밀가루로 넉넉히 발라가며 만주피를 얇게 만들고 그 위에 준비해놓은 충전물을 얹어

7

만주피가 찢어지지 않도록 조심스럽게 속을 감싸요.

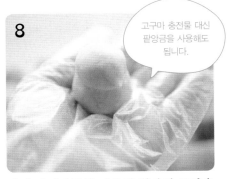

8

고구마 충전물 대신 팥앙금을 사용해도 됩니다.

다시 덧밀가루를 이용해 병아리 모양을 만들고 180°C로 예열한 오븐에서 20~25분간 구워내요.

9

손을 데지 않도록 조심하세요.

오븐에서 꺼내 충분히 식힌 다음 불에 달군 젓가락으로 눈과 날개를 그리면 병아리만주 완성.

알록달록한 컬러 초코볼의 매력

롤리팝쿠키

 ★ ☆ ☆

 13~15분

 175℃

 재료 (10개분)

박력분	135g
코코아가루	20g
버터	85g
설탕	80g
달걀	1개
베이킹소다	1/2작은술
바닐라에센스	1/2작은술
땅콩	25g
건포도	25g
장식용 초코볼	적당량
소금	약간

여러 장의 핫케이크 사이사이에 녹인 초콜릿을 바르고
초코볼로 이름을 새겨주셨던 어린 시절 어머니의 생일 선물.
아직도 그 기억을 떠올리면 나도 모르게 미소가 지어져요.
아이들과 함께 예쁜 색깔의 롤리팝쿠키를 만들어보세요.
어른이 되어서도 잊혀지지 않는 행복한 추억이 될 거예요.

1 실온의 버터에 설탕을 넣어 섞어주고

2 실온 상태의 달걀과 바닐라에센스도 고루 섞은 다음

3 한꺼번에 체에 내린 가루류(박력분, 코코 아가루, 베이킹소다, 소금)를 넣어 세로로 자르듯 섞어요.

4 반죽이 완전히 섞이기 전에 미리 구워 식 혀둔 땅콩과 건포도를 넣어 섞고

작은 아이스크림 스쿱을 쓰면 편해요.

5 반죽을 일정한 크기로 떠서 팬에 올리고

아이스크림 스틱을 꽂고 살짝 눌러 납작 하게 모양을 잡은 다음 초코볼을 얹어요.

7 175℃ 오븐에서 13~15분간 상태를 살피 면서 구워내 팬에서 그대로 한김 식힌 후 식힘망으로 옮겨요.

🎁 **바닐라의 맛있는 제안**

스탬프를 이용해보세요
아이스크림 스틱에 스탬프로 메시지 나 아이들 이름을 찍고 리본을 묶어 주면 아이들에게 더없이 좋은 이벤트 선물이 되지요.

폭신폭신한 쿠키 소 ... 초콜릿

단호박초콜릿쿠키

 ★☆☆

 15~20분

 170℃

 재료(10개분)

박력분	140g
단호박	210g
설탕	65g
버터	55g
달걀	1/2개
베이킹소다	1/4작은술
베이킹파우더	1/4작은술
계핏가루	1/4작은술
생강가루	1/4작은술
호두	30g
소금	약간
장식용 초코칩	약간

미리 준비해두세요
호두는 미리 구워 식혀두세요.

계절마다 풍성한 먹을거리를 준비해주시는 고마운 시어머님,
가을이면 단호박 역시 푸짐하게 보내주시지요. 그 정성을 생각하며
자주 굽게 되는 쿠키인데요. 폭신폭신한 질감에 은은한 계피향과
다크 초콜릿이 오랜 친구처럼 잘 어울린답니다.

1 단호박은 수분기 없이 160°C의 오븐에 약 25~30분간 구워 식혀 준비하고

2 실온의 버터에 설탕을 고루 섞고 실온의 달걀을 넣어 반죽이 분리되지 않도록 풀어주세요.

3 식힌 단호박을 포크로 으깨 반죽에 고루 섞어주고

4 체에 내린 가루류(베이킹소다, 베이킹파우더, 계핏가루, 생강가루, 소금)를 넣어 자르듯 섞어주세요.

5 보슬보슬한 소보로 상태가 되었을 때 미리 구워 식혀둔 호두를 넣어 섞고

작은 크기로 덜어내 팬에 올려요.

초코칩은 너무 작은 것보다는 청크초코칩이나 굵게 자른 키세스초콜릿을 사용하는 것이 좋아요.

7 손가락으로 눌러 납작하게 만들고 취향에 따라 초코칩을 얹어 170°C로 예열된 오븐에서 15~20분간 구워내요.

🎁 바닐라의 맛있는 제안

초콜릿을 녹여 쿠키를 장식해보세요
쿠키가 구워지는 동안 초코칩을 비닐에 넣어 따뜻한 물에 담가 녹인 다음 비닐의 끝부분을 살짝 잘라 충분히 식은 쿠키 위에 뿌려 장식해보세요.

홍차와 근사하게 어울리는
무화과티케이크

 ★ ☆ ☆

 15분

 170℃

오후 티타임에 홍차 한잔과 근사하게 어울리는 무화과티케이크.
버터 대신 오일과 생크림을 넣어 부드러운 케이크의 식감을
그대로 살렸답니다. 와인에 졸인 무화과와 고소한 호두,
상큼한 오렌지 향기까지 어우러져 독특한 맛을 내는 티케이크지요.

 재료 (8개분)

재료	분량
박력분	190g
식물성 오일	90g
생크림	95g
설탕	80g
달걀	1개
베이킹파우더	1/2작은술
소금	약간
무화과와인조림	60g
호두	30g
오렌지필(or 레몬필)	15g

1 식물성 오일과 설탕을 고루 섞어 녹이고

> 카놀라유, 포도씨유 등 다양한 식물성 오일을 사용해도 무관하지만 올리브유는 특유의 향 때문에 사용하지 않지요.

2 실온의 달걀을 고루 풀어준 다음

3 생크림 역시 실온 상태에서 준비해 섞어요.

4 한꺼번에 체에 내려 준비한 가루류(박력분, 베이킹파우더, 소금)는 자르듯 섞고

5 반죽이 완전히 섞이기 전에 무화과와인조림, 호두, 오렌지필을 넣어 혼합해요.

> 무화과와인조림 만들기는 181쪽 재료와 1번 과정을 참고하세요.

6 작은 틀에 90% 정도 채워 170°C로 예열된 오븐에서 15분간 구워내면 완성.

 바닐라의 맛있는 제안

1 오렌지필이 없을 때는?
오렌지마멀레이드 또는 레몬필로 대체해도 상관없어요.

2 호두의 전 처리
호두는 미리 구워 식힌 후 사용하면 한결 고소한 맛을 살릴 수 있어요.

폭신폭신 달콤한 손가락 모양 과자

핑거쿠키

핑거쿠키는 머랭으로 만들어 폭신한 느낌이 드는 쿠키예요.
반죽을 짤 때 큰 사이즈로 이어붙이면 롤케이크나
샤를로트 등의 케이크에 사용할 수 있는 시트가 되지요.
티라미수를 만들 때도 응용해보세요.

 ★☆☆

 12분

 180℃

 재료(5cm 15개분)

박력분	65g
달걀흰자	2.5개
달걀노른자	2개
설탕A(머랭용)	60g
설탕B(반죽용)	20g
슈거파우더	약간

1

달걀흰자는 거품기로 충분히 멍울을 풀어 설탕A를 섞어주고

2

머랭 휘핑하기는 20쪽을 참고하세요.

거품기 끝으로 들어올려 새 부리 모양으로 탱글탱글해질 때까지 힘차게 거품을 내 머랭을 만들어요.

3

다른 볼에 달걀노른자와 설탕B를 섞어 충분히 녹이고

4

달걀노른자 반죽에 체에 내린 박력분의 1/2을 넣어 자르듯 섞은 다음

5

만들어두었던 머랭의 1/3을 넣어 거품이 꺼지지 않도록 주의하며 섞고

6

남은 박력분을 넣어 볼의 바닥까지 뒤집어가며 섞다가

7

남은 머랭을 넣고 거품이 꺼지지 않도록 최대한 조심스럽게 섞으세요.

8

슈거파우더를 너무 많이 뿌리면 가루날림이나 갈라짐 현상이 생기니 적당히 뿌리세요.

반죽을 짤주머니에 넣어 팬 위에 길쭉하게 짜서 쿠키 모양을 만든 다음 슈거파우더를 두 번 정도 뿌리고

9

쿠키 밑면이 타지 않고 속이 촉촉하도록 중탕하는 것이에요.

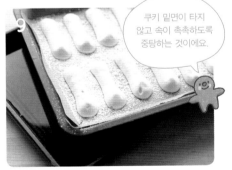

철판 하나에는 물을 약간 붓고 쿠키를 짜 놓은 팬과 이중으로 겹쳐서 180℃로 예열된 오븐에 12분 정도 구워내세요.

머랭쿠키

입 안에 닿는 느낌이 다른 쿠키와는 아주 다른 머랭쿠키.
씹는 맛보다는 사르르 녹는 달콤함이 더 특별하지요.
식후 또는 단것이 먹고 싶은 때에 사탕처럼 녹여 드세요.

★★★

 50~60분

 110℃

 재료(40개분)

달걀흰자	2개
설탕	50g
슈거파우더	40g
아몬드가루	15g
딸기파우더	7g
다진 크랜베리	10g

머랭은 볼이 깨끗하고 달걀흰자가 차가워야 거품이 잘 올라와요.

달걀흰자는 멍울을 풀고 설탕을 두 번으로 나누어 넣어 거품을 내요.

머랭 휘핑하기는 20쪽을 참고하세요.

거품기로 들어올렸을 때 뾰족한 새 부리 모양이 될 만큼 단단하게 거품을 올린 머랭을 만들어요.

체에 내린 슈거파우더를 거품이 죽지 않도록 조심해서 섞고 체에 내린 딸기파우더, 아몬드가루, 다진 크랜베리를 넣어 섞어요.

반죽이 묽기 때문에 앞부분을 접어넣고 반죽을 담으세요.

짤주머니에 반죽을 담아 지름 1cm짜리 둥근 모양 깍지를 끼우고

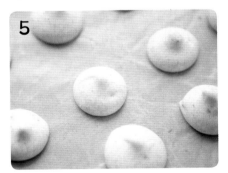

팬에 유산지를 깔고 지름 2cm 정도의 크기로 조금씩 짜주세요.

110℃ 오븐에서 50~60분 동안 수분을 날리고 색이 나지 않도록 주의해가며 구운 다음 식힘망으로 옮겨 식히세요.

담백하고 부드러운 맛

버터쿠키

부드러운 조직이 입 안에서 바사삭 부서지는 듯한 쿠키예요.
시판되는 버터쿠키보다 달지 않고 담백한 맛이지요.
만들기도 간단하고 아이들이 먹기에도 부담이 없어
많은 분들께 특히 칭찬 받는 쿠키랍니다.

 ★☆☆

 10분

 170℃

 재료(15개분)

박력분	90g
버터	75g
슈거파우더	25g
달걀흰자	1/2개
바닐라에센스	1/2작은술
소금	약간

1

너무 녹지 않은 상태의 실온 버터를 준비하고

2

슈거파우더, 달걀흰자, 바닐라에센스를 넣어 고루 섞어주고

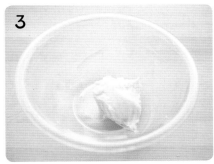

3

볼의 가장자리를 깨끗하게 정리해 가운데로 버터 반죽을 모아요.

4

체에 내린 박력분을 넣고 세로로 자르듯 섞어

5

소보로 형태로 뭉쳐지고 흰 가루가 보이지 않을 정도로 섞이면 짤주머니에 담아요.

6

짤주머니 앞부분에 별깍지를 끼워 준비하고

동그랗게 링 모양으로 반죽을 짜서 구우면 시판되는 쿠키처럼 나오겠죠?

길거나 동그란 형태로 팬에 짜서 170°C로 예열된 오븐에서 10분간 색을 살피면서 구워주세요.

 바닐라의 맛있는 제안

예쁜 모양의 버터쿠키를 원한다면 버터 상태에 신경 쓰세요

쿠키를 구웠을 때 모양이 퍼진다고 고민하는 사람들이 많은데 버터의 상태가 참 중요해요. 손가락으로 눌렀을 때 약간 힘을 주어 들어갈 정도의 실온 상태로, 반죽을 짤 때 조금 뻑뻑함을 느끼신다면 정상이에요. 하지만 모양이 조금 퍼지더라도 맛은 좋다고들 하니 너무 고민하지 마세요.

아몬드튀일

튀일이 프랑스어로 기왓장이란 뜻이라지요?
서양의 기왓장도 저리 휘어져 있나 봐요.
마치 센베이 과자같이 얇은 전병인데요,
좀 더 달고 좀 더 고소해요. 달걀흰자가 남았을 때
만들기 좋은 과자입니다.

 ★☆☆

 15분

 150℃

 재료(5cm 15개분)

버터	20g
달걀흰자	2개
황설탕	50g
박력분	15g
슬라이스 아몬드	65g

1 버터는 약한 불에서 살짝 태워 풍미를 좋게 하고

2 종이 필터 등을 이용해 불순물을 제거해 깨끗한 정제 버터를 만들어 식혀두세요.

3 깨끗한 볼에 달걀흰자의 멍울을 푼 다음 황설탕을 섞어 녹이고 체에 내려둔 박력분을 섞어요.

4 깨끗하게 걸러둔 정제 버터를 반죽에 넣어 고루 섞고

껍질을 벗기지 않은 아몬드도 무관하지만 벗긴 것이 깔끔해 보이지요.

5 껍질을 벗긴 슬라이스 아몬드를 넣어 고루 섞고

6 하룻밤 정도 냉장고에 넣어두세요(냉장 휴지).

7 유산지를 깔아둔 팬에 반죽을 조금씩 덜어 반죽이 묻지 않도록 포크에 물을 묻혀가며 납작하게 펼쳐

구워낸 후 재빨리 모양을 잡아주세요. 식으면 부서지기 쉬워요. 납작하게 드셔도 됩니다.

8 150℃로 예열된 오븐에 15분간 먹음직스러운 황금색이 나도록 구워낸 후 밀대 또는 바게트 틀을 이용해 모양을 잡아주세요.

바닐라의 맛있는 제안

정제 버터는 이럴 때 사용해요

버터를 살짝 태워 깨끗하게 거른 상태의 정제 버터는 끓는점이 높아 높은 온도에서 또는 오래 구울 때 적합해요. 거기에 풍미를 좋게 해 마들렌이나 휘낭시에 등 구움과자와 서양식 요리에도 많이 쓰이지요.

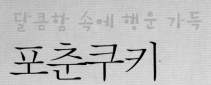

달콤함 속에 행운 가득

포춘쿠키

 ★☆☆

 8~10분

 160℃

어릴 적 봤던 외화 속 중국 식당에서는
후식으로 꼭 포춘쿠키를 주더라구요.
그것이 어떤 맛일까 궁금해서 만들어봤어요.
행운의 메시지를 넣어 가족 모임에 가져가거나
사랑의 메시지를 담아 연인에게 선물해보세요.

 재료(15개분)

박력분	50g
슈거파우더	70g
달걀흰자	70g
식물성 오일	20g
녹인 버터	10g
소금	약간

1

쿠키 안에 넣을 메시지 적은 종이를 미리 준비해두세요.

2

가루류는 체에 내려 불순물을 걸러 고루 섞고

3

반죽에 공기가 들어가면 쿠키 표면이 울퉁불퉁해지니 달걀을 살짝 멍울만 풀어주세요.

달걀흰자와 식물성 오일에 전자레인지에 녹인 버터를 넣어 고루 섞어두고

4

체에 내린 가루류(박력분, 슈거파우더, 소금)를 뭉침 없이 고루 섞고

5

시트를 깔지 않으면 떼어내기가 쉽지 않아요(종이보다 실리콘 시트 추천).

실리콘 시트를 깔아둔 팬에 한 큰술씩 덜어 얇게 펼치고 160℃로 예열된 오븐에서 8~10분간 색을 살피면서 구워주세요.

6

접기 전 식힘망으로 옮기면 바로 굳어요. 장갑을 끼고 뜨거울 때 팬에서 재빨리 접으세요.

팬에서 떼어내자마자 하나씩 재빨리 메시지 적은 종이를 넣어 반으로 접고 접힌 부분 밑쪽의 가운데를 눌러 통통하게 모양을 잡고

7

모양 잡은 쿠키는 작은 볼이나 미니 머핀 팬을 이용해 그대로 굳혀요.

 바닐라의 맛있는 제안

포춘쿠키 속에는 어떤 메시지를 넣을까요?

사랑한다는 말만 가득 적어도 좋고 다음과 같은 행운의 메시지를 넣어도 좋아요.

• 오늘은 예상하지 못했던 즐거운 일이 일어나겠군요!
• 오전에 차 한잔의 여유를 가져보세요. 어제보다 더 행복한 오늘이 될 거예요.
• 아직 늦지 않았답니다. 계획한 일을 지금 바로 시작해보세요.
• 기회는 그리 많지 않아요. 지금 찾아온 기회를 재빨리 잡으세요.

비스코티

 ★ ☆ ☆

 45분

 170℃

 재료(15개분)

비스코티 반죽

박력분	220g
달걀	2개
설탕	35g
식물성 오일	40g
꿀	35g
아몬드가루	25g
계핏가루	1/2작은술
베이킹파우더	1/2작은술
통헤이즐넛	45g
통아몬드	45g
초코칩	35g
건포도	30g

모카아이싱

인스턴트 커피가루	3g
우유	10g
슈거파우더	60g

미리 준비해두세요
모카아이싱은 미리 만들어두세요.
슈거파우더, 인스턴트 커피가루에
우유를 넣어 되직한 상태로 만들면
됩니다.

비스코티는 바삭하고 고소한 맛이 매력이지요.
꿀이 들어가 더욱 부드럽고 모카아이싱이 더해져
따뜻한 커피와 잘 어울리는 맛이지요.

1

카놀라유, 포도씨유 등 다양한 식물성 오일을 사용해도 무관하지만 올리브유는 특유의 향 때문에 사용하지 않지요.

식물성 오일에 설탕을 넣어 고루 섞고

2

풀어둔 달걀과 꿀을 넣어 고루 섞은 다음

3

너무 치대듯 반죽하면 과자가 딱딱해지니 주의하세요.

미리 체에 내려둔 가루류(박력분, 아몬드 가루, 계핏가루, 베이킹파우더)를 넣어 자르듯 섞어요.

4

가루류가 어느 정도 섞이면 견과류(통아 몬드, 통헤이즐넛, 건포도)와 초코칩을 넣 어 섞고

5

한 덩어리로 뭉쳐 1.5~2cm 정도의 높이 로 납작하게 모양을 잡아

6

충분히 식기 전에 자르면 쉽게 부서져요. 부서진다면 물을 살짝 뿌린 다음 잘라보세요.

170℃로 예열된 오븐에서 30분간 1차로 구워내 한김 식히고 1cm 두께로 잘라요.

7

오븐팬에 그릴팬을 얹어 구우면 앞뒤로 뒤집지 않고도 한 번에 수분을 날려 구울 수 있어요.

오븐팬에 펼쳐 다시 170℃에서 15분간 색을 보아가며 앞뒤로 구운 다음

8

식힘망에 얹어 충분히 식힌 쿠키에 만들 어둔 모카아이싱을 지그재그로 뿌려 굳히 면 완성.

 바닐라의 맛있는 제안

모카아이싱 생략해도 무관해요

모카아이싱을 뿌리면 굳히는 시간이 반 나절 이상 걸려요. 급하게 선물할 경우 생 략해도 담백하고 고소한 맛은 그대로이 니 걱정하지 마세요.

바쁜 아침에 준비하는
오트밀바

결혼 전 등교나 출근 준비로 바쁜 아침이면
어머니께서 주먹밥을 만들어 입에 넣어주시곤 했지요.
이 오트밀바는 서양식 주먹밥이 아닐까요?
가족들에게 정성스레 포장한 오트밀바와 주스 한 병을
챙겨준다면 마음까지 든든한 아침이 될 거예요.

 ★ ☆ ☆

 15~20분

 170℃

 재료
(25X25cm 사각팬 1개분)

오트밀	160g
쌀크로칸트	100g
호두	50g
크랜베리	40g
호박씨	20g
땅콩분태	20g
물엿	40g
꿀	50g
버터	50g
설탕	10g

오트밀은 160°C로 예열된 오븐에서 5분 정도 구워 수분을 날리고 크랜베리는 미리 럼주에 절여두고

설탕, 물엿, 꿀, 버터는 함께 녹여 바글바글 끓여 캐러멜처럼 만들고

단것이 싫다고 시럽을 너무 적게 넣으면 뭉쳐지지 않아요.

구워 식힌 오트밀과 절인 크랜베리, 나머지 재료를 고루 섞은 볼에 끓인 캐러멜시럽을 뿌려

뒤집어가며 골고루 섞어주세요.

너무 꼭꼭 누르면 딱딱해서 씹기 불편해져요. 살살 눌러주세요.

준비된 팬에 유산지를 깔고 내용물을 부어 평평하게 정리하고

구운 후 틀에서 바로 분리하면 쉽게 부서지니 충분히 식힌 다음 분리해주세요.

170°C로 예열된 오븐에서 먹음직스러운 황금색이 나도록 15~20분간 구워 그대로 식혀요.

충분히 식었을 때 먹기 좋은 크기로 썰어내면 완성.

쌀크로칸트는 쌀을 튀겨낸 재료입니다. 바삭거리는 식감을 돋우는 데 한몫한답니다.

씹을수록 고소한
참깨쿠키

예전 '참깨쿠키'는 중간에 점선이 있어 똑똑 부러뜨려 먹는
재미가 쏠쏠했어요. 그 기억을 살려 만든 쿠키예요.
버터가 들어가지 않고 코코넛 향과 통깨 덕에
씹을수록 기분 좋아지는 맛이 나지요.

 ★☆☆

 12분

 170℃

 재료 (35~40개분)

박력분	140g
아몬드가루	30g
코코넛가루	25g
베이킹파우더	3g
설탕	30g
연유	50g
식물성 오일	45g
달걀	1개
통깨(참깨+검은깨)	30g
소금	조금

아몬드가루는 억지로 눌러 체에 내리면 기름기가 빠져 맛이 덜합니다. 굵은 체를 사용하세요.

1

가루류(박력분, 아몬드가루, 코코넛가루, 베이킹파우더)는 체에 내려 준비해두고

카놀라유, 포도씨유 등 다양한 식물성 오일을 사용해도 무관하지만 올리브유는 특유의 향 때문에 사용하지 않지요.

2

연유, 식물성 오일, 달걀을 고루 섞어 준비하고

3

설탕을 넣어 거품기로 풀어 고루 녹여요.

4

체에 내려둔 가루를 넣어 자르듯 섞다가 흰 가루가 아직 남아 있을 때 참깨와 검은 깨를 넣어 고루 섞고

5

비닐에 담아 밀대를 이용해 납작하게 밀어 냉장고에 1시간 정도 두세요.

6

비닐을 잘라 부풀지 않도록 포크로 찍어 모양을 만들고 먹기 좋은 크기로 썰거나 쿠키 커터로 찍어내고,

얇을수록 고소해요.

7

오븐팬에 얹어 설탕을 살짝 뿌려주고 170℃로 예열된 오븐에서 12분 정도 색을 보아가며 구워주세요.

바닐라의 맛있는 제안

1 함께 곁들이는 재료
캐러멜초코크림을 발라 먹어도 좋아요(캐러멜 초코크림 만들기는 23쪽을 참고해주세요).

2 아몬드가루와 코코아가루가 눅눅할 경우
낮은 온도의 오븐에 넣어 살짝 수분을 날린 후 사용하면 더 고소한 맛이 나요.

달콤한 입자가 모래알처럼 스르르

샤브레

결혼 후 처음으로 남편에게 선물했던 쿠키가 바로 샤브레예요.
그때는 모양에만 신경 쓰느라 반죽을 과하게 치대는 바람에
사랑의 힘이 아니면 먹을 수 없는 딱딱한 쿠키가 되었지 뭐예요.
요즘도 그 일을 떠올리면 웃음이 나온답니다.

 ★☆☆

 10~12분

 170℃

 재료(30개분)

박력분	140g
버터	85g
슈거파우더	55g
달걀노른자	1개
바닐라빈	1/2개
굴림용 달걀흰자	약간
굴림용 설탕	적당량

초코맛 샤브레를 원하신다면!
박력분 140g 대신 박력분 120g, 코코아가루 25g으로 재료의 양을 조절하여 동일한 과정으로 만들면 진한 초코샤브레가 됩니다.

1 실온의 버터에 체에 내린 슈거파우더을
섞고

눌렀을 때 살짝 들어가는 정도의 실온 상태 버터를 준비하세요.

2 슈거파우더이 고루 섞이면 볼 가장자리를
정리해 반죽을 가운데로 모으고 실온의
달걀노른자를 섞어 크림처럼 만들어요.

혹시 달걀을 냉장고에서 바로 꺼냈다면 미지근한 물에 잠시 중탕해서 실온의 온도로 맞추세요.

3 손질한 바닐라빈을 넣어 섞은 후 버터 반
죽을 볼의 가운데로 깔끔하게 모아

4 체에 내린 박력분을 버터를 덮듯이 넣어
볼을 돌려가며 세로로 자르듯 섞고

너무 많이 치대면 딱딱한 쿠키가 됩니다.

5 유산지에 동그랗게 말아 냉동실에 3시간
이상 넣어두세요.

반죽을 냉동 보관해두면 보존 기간이 길어 필요할 때 꺼내 굽기 좋아요.

6 달걀흰자를 약간 묻혀 설탕에 굴려내고

7 1cm 두께로 잘라 170°C로 예열된 오븐에
서 10~12분간 색을 살펴가며 구워내요.

 바닐라의 맛있는 제안

 1 바닐라슈거 만들기
씨를 걷어낸 바닐라빈을 수분을 날리고 살짝 건조시켜 설탕에
넣어두면 바닐라 향을 듬뿍 담은 바닐라슈거가 된답니다.

2 바닐라빈 손질하기
바닐라빈은 반을 갈라 뾰족한 칼등 끝부분으로 속을 살짝 긁어
내요. 너무 깨끗하게 긁어내려고 힘을 주면 바닐라빈의 섬유질
까지 긁어져 지저분한 입자가 들어갈 수 있으니 주의하세요.

따사로운 시나몬 향이 기분 좋은
크리스마스쿠키

크리스마스가 되면 어김없이 생각나는 쿠키예요.
어린 시절 이모님께서 크리스마스 때만 되면 지인들에게
선물하신다고 만드셨던 쿠키지요. 요리하시는 이모님을
얌전히 보고 있다가 굽기 전 쿠키 위에 빨강, 초록 설탕을
얹는 일은 언제나 제 몫이었답니다.

★ ☆ ☆

 10분

 180℃

 재료(5cm 15개분)

박력분	200g
버터	85g
설탕	60g
달걀	1/2개
베이킹파우더	1/3작은술
계핏가루	1작은술
생강가루	1작은술
너트맥가루	1/2작은술
물엿(or 올리고당 or 꿀)	25g
소금	약간
장식용 색설탕	적당량

 바닐라의 맛있는 제안

시나몬롤쿠키 응용하기

 4mm 두께로 밀어둔 반죽에 색이 있는 설탕과 계핏가루, 건포도 등을 뿌려 돌돌 말아 냉장고에 보관했다 필요할 때 잘라 구워내면 시나몬롤쿠키가 되지요.

1

실온의 버터에 설탕을 섞고

2

실온 상태에서 물엿과 함께 풀어둔 달걀을 두 번에 나누어 섞어 크림처럼 만들어요.

3

볼 가장자리를 정리해 반죽을 가운데로 모으고 체에 내린 가루류를 넣어 세로로 자르듯 섞어요.

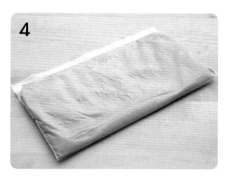
4

반죽은 비닐에 넣어 3시간 이상 냉장고에 보관한 후(냉장 휴지)

5

덧밀가루는 강력분이나 중력분을 사용하는 것이 좋아요.

3~4mm 두께로 반죽을 밀어 쿠키 커터로 찍어내고

6

설탕을 많이 뿌려도 소용 없어요. 어차피 녹지 않고 떨어져요.

팬에 간격을 두어 올리고 빨강, 초록 색설탕을 조금씩 얹어 180℃ 오븐에서 10분 정도 색을 살피면서 구우면 완성.

과자와 사탕을 함께 맛보는

캔디쿠키

캔디 부분이 투명하게 비쳐 스테인드글라스쿠키라고도
하지요. 제가 좋아하는 모양은 이렇게 반짝이는 달콤한
마음을 가진 진저브레드맨 모양이에요. 쿠킹 클래스에선
'내 마음을 받아줘 쿠키'라고도 살짝 이름 지어주었는데,
이 녀석을 선물하면 정말 사랑이 이뤄지지 않을까요?

 ★☆☆

 13분

 170℃

 재료(15개분)

박력분	110g
버터	70g
슈거파우더	60g
달걀	1/2개
코코아가루	25g
아몬드가루	25g
베이킹파우더	1g
바닐라에센스	1/3작은술
색깔이 있는 알사탕	적당량

실온의 버터에 체에 내린 슈거파우더를 섞고

실온의 달걀과 바닐라에센스를 넣어 분리되지 않도록 고루 섞고

볼 가장자리를 깨끗이 정리해 가운데로 반죽을 모으세요.

체에 내려 준비한 가루류를 넣어 세로로 자르듯 섞고

지퍼락에 넣어 냉장고에 3시간 이상 보관하세요.

쿠키 커터는 가능하면 촘촘히 찍어 반죽이 남지 않게 하세요.

비닐을 깔고 덧가루를 뿌린 후 밀대를 이용해 4mm 두께로 밀어 쿠키 커터로 찍어내고 가운데 부분도 한 번 더 찍어내요.

알사탕은 잘 부숴 사용하는데 곱게 갈수록 생각보다 많은 양이 필요해요.

170℃ 오븐에서 8분 정도 구워내 잘게 부순 사탕가루를 넉넉히 얹고

사탕이 녹아 부글부글 끓지 않도록 주의하세요.

다시 오븐에 넣어 5분 정도 더 구운 후 팬에서 그대로 식혀 사탕을 굳혀요.

슈거아이싱 만들기는 140쪽을 참고하고 자신의 취향대로 응용해보세요.

식힘망으로 옮기고 충분히 식으면 슈거아이싱으로 눈과 입, 하트 등을 만들어 장식하세요.

린저쿠키

슬라이스 아몬드를 넣어 씹을수록 더 고소하답니다.
하트 모양으로 가운데를 모양내 구워, 눈 내린 듯 하얀
슈거파우더를 뿌리고 달콤한 잼을 샌드해 선물해도 좋아요.
눈 내리는 크리스마스에 잘 어울리는 쿠키랍니다.

 ★ ☆ ☆

 8~10분

 180℃

 재료(10세트분)

박력분	250g
슈거파우더A(반죽용)	70g
베이킹파우더	1/2작은술
슬라이스 아몬드	50g
버터	90g
달걀	1개
소금	약간
바닐라에센스	1/2작은술
과일잼	적당량
슈거파우더B(장식용)	적당량

1

버터는 실온 상태라도 너무 무르면 쿠키가 퍼질 수 있어요. 약간 차가운 듯한 상태가 좋아요.

실온 상태의 버터에 체에 내린 슈거파우더를 고르게 섞고

2

실온에 두었던 달걀과 바닐라에센스는 두 번에 나누어 섞어 크림처럼 만들어요.

3

반죽이 과할수록 딱딱한 쿠키가 되지요. 자르듯 섞어 뭉쳐주세요.

볼의 가장자리를 깨끗이 모아 정리한 다음 체에 내려둔 가루를 넣어 세로로 자르듯 섞다가 굵게 다진 슬라이스 아몬드를 넣어 섞어요.

4

반죽을 비닐에 넣어 냉장고에 3시간 이상 보관하고(냉장휴지)

5

꼭 린저쿠키 틀 세트가 아니어도 상관없어요.

덧밀가루를 뿌려가며 밀대로 4mm 정도의 두께로 밀어 쿠키 틀을 이용해 찍어내요.

6

팬에 얹어 180°C로 예열된 오븐에서 8~10분간 구워내요. 이때 윗면과 아랫면의 짝을 맞추어 구우세요.

7

식힘망에서 쿠키가 충분히 식었을 때 윗면에 올릴 쿠키에는 슈거파우더를 체에 내려 뿌리고

8

잼을 얹으면 바삭함이 점점 사라지기 때문에 드시기 직전에 샌드해 바로 드세요.

아랫면이 될 쿠키에는 잼을 발라주세요.

9

슈거파우더를 묻힌 상태에서 잘못 손을 대면 모양을 망칠 수 있으니 유의하세요.

조심스레 윗면을 얹어 마무리해요.

입 안에서 녹아내리는 고소함

호두스노볼

하얀 슈거파우더로 마무리해 이름 그대로 눈덩이 모양의 쿠키지요.
입에 넣는 순간 느껴지는 달콤함과 바사삭 부서지는 호두의 고소함,
블루베리의 새콤함이 환상적이에요. 달지 않은 고급스러운 맛 때문에
어르신들도 무척 좋아하신답니다.

★☆☆

 20~25분

 170℃

 재료 (35~40개분)

박력분	120g
버터	90g
설탕	40g
아몬드가루	50g
호두	30g
건조블루베리	20g
슈거파우더	적당량

1 실온의 버터에 설탕을 넣고 저어 크림처럼 만들고

2 가루류(아몬드가루, 박력분)는 체에 내려 준비해요.

3 1번의 버터에 가루류를 넣어 자르듯 섞다가 미리 구워둔 호두와 건조블루베리를 섞고

> 과하게 치댈 경우 쿠키의 질감이 딱딱해지므로 주의하세요.

4 소보로 형태가 되었을 때 살살 덩어리로 뭉쳐요.

5 완성된 반죽을 비닐에 넣어 1시간 이상 냉장고에 두었다가(냉장 휴지)

6 10g 정도 크기로 동그랗게 만들어 팬에 올리고 170℃ 오븐에서 20~25분 정도 색깔을 살피면서 구워요.

> 쿠키를 충분히 식히지 않고 슈거파우더를 묻히면 금세 녹아 손에 묻고 보기에도 좋지 않아요.

7 쿠키가 충분히 식으면 비닐에 슈거파우더와 함께 넣고 흔들어 골고루 묻히세요.

밤을 넣어 더 풍성한 맛
밤타르트

종갓집이라 가을이 아니라도 사시사철 지내는 제사에
늘 밤과 대추는 제 몫인데요. 제철 밤이 아니라 맛이
덜할 땐 졸여서 베이킹에 사용하면 너무 좋아요.
가장 기본이 되는 아몬드크림에 밤을 넣은 타르트인데
필링 재료를 바꾸어 응용해보세요.

 ★★☆

 30분

 170℃

 재료 (13cm 틀 2개분
or 6cm 미니틀 5개분)

타르트 반죽
버터	50g
슈거파우더	40g
달걀노른자	1개
바닐라에센스	1/2작은술
박력분	120g
아몬드가루	20g
소금	약간
타르트돌(or 누름콩)	적당량

필링
버터	55g
아몬드가루	55g
설탕	45g
달걀	1개
통조림 밤(필링용)	55g
통조림 밤(장식용)	적당량
럼주	1작은술
다진 피스타치오	약간
살구잼 광택제(or 미로와)	약간

미리 준비해두세요
타르트틀은 18쪽을 참고해 미리 구
워두세요.

1

실온의 버터에 설탕을 넣어 고루 섞고

2

풀어둔 달걀을 2~3차례에 나누어 넣어 분리되지 않도록 풀어준 뒤

3

> 아몬드가루를 너무 촘촘한 체에 짓이기듯 내리면 맛이 떨어지니 주의하세요.

체에 내려둔 아몬드가루를 고루 섞어 아몬드크림을 만들어요.

4

> 시럽에 졸인 밤을 사용해도 괜찮아요.

아몬드크림에 통조림 밤을 4등분하여 섞고

5

럼주를 넣어 고루 섞어요.

6

완성된 필링을 짤주머니에 넣거나 그대로 덜어 미리 구워둔 타르트틀에 고루 담고

7

통으로 준비해둔 장식용 졸인 밤을 군데 군데 올리고 170°C로 예열된 오븐에서 30분간 윗면의 색을 보아가며 구워내요.

8

충분히 식었을 때 살구잼 광택제를 바르고 피스타치오로 장식해서 마무리.

 바닐라의 맛있는 제안

아몬드크림 레시피
타르트의 기본이 되는 아몬드크림의 비율은 대부분 버터 : 설탕 : 아몬드가루 : 달걀=1 : 1 : 1 : 1이랍니다. 기억해 두었다가 재료만 바꿔 다양한 타르트를 만들어보세요.

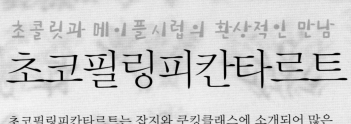

초콜릿과 메이플시럽의 환상적인 만남
초코필링피칸타르트

초코필링피칸타르트는 잡지와 쿠킹클래스에 소개되어 많은 인기를 끌었던 메뉴예요. 설탕 대신 메이플시럽을 넣고 아몬드크림이나 달걀물 대신 초콜릿을 넣었더니 달지 않은 은근한 맛에 어른들이 특히 더 좋아하지요.

 ★★☆

 30분

 180℃

 재료(13cm 틀 2개)

타르트 반죽
버터	50g
슈거파우더	40g
달걀노른자	1개
바닐라에센스	1/2작은술
박력분	120g
아몬드가루	20g
소금	약간
타르트돌(or 누름콩)	적당량

필링
다크 초콜릿	60g
버터	30g
달걀	1개
메이플시럽(or 올리고당)	60g
피칸	120g

미리 준비해두세요
타르트틀은 18쪽을 참고해 미리 구워두세요.

1

피칸은 180℃로 예열된 오븐에서 잠깐 구워 식혀두고

2

준비된 타르트틀에 분량의 반 정도는 굵게 다져 밑에 깔고 모양이 예쁜 것은 윗면에 장식용으로 곱게 나열해요.

3

다크 초콜릿은 뜨거운 물 위에 볼을 얹어 중탕으로 녹이고 버터도 함께 녹여 한김 식혀두세요.

4

풀어놓은 달걀에 메이플시럽을 고루 섞어요.

5

초콜릿이 너무 뜨거운 상태에서 한꺼번에 부으면 달걀이 익을 수 있으므로 주의하세요.

3번에서 녹여 식혀두었던 초콜릿에 4번의 달걀물을 분리되지 않도록 여러 번 나누어 고루 섞고

6

타르트틀 가장자리에 묻으면 그대로 자국나 구워지므로 깔끔하게 부어요.

준비해둔 타르트틀에 넘치지 않도록 조심스레 부어주세요.

7

90% 정도 채워지면 180℃로 예열한 오븐에서 30분간 구워 식히세요.

8

살구잼 광택제는 살구잼 100g, 물엿 5g, 물 15g을 냄비에 넣고 끓인 후 체에 걸러 만들어요.

틀에서 분리해 한김 식힌 타르트에 살구잼 광택제나 미로와를 발라 마무리하세요.

 바닐라의 맛있는 제안

타르트에 들어가는 초콜릿

타르트에 어떤 초콜릿을 사용하느냐에 따라 맛이 확연히 차이가 나지요. 다크 초콜릿, 밀크 초콜릿 등 입맛에 맞는 초콜릿을 찾아보세요.

한입에 느끼는 두 가지 만족
고구마애플타르트

어렸을 때 엄마가 집에서 만들어 주셨던 애플파이가
그다지 맘에 들지 않았어요. 그래서 어른이 된 후
제 취향대로 사과와 고구마를 섞어 응용해봤는데 은근히
잘 어울리는 것 있죠. 고구마 100%라면 텁텁할 수 있는 맛을
촉촉하고 쫄깃한 사과가 잘 살려준답니다.

★★☆

 25〜30분

 170℃

 재료(13cm 틀 2개분)

타르트 반죽

버터	50g
슈거파우더	40g
달걀노른자	1개
바닐라에센스	1/2작은술
박력분	120g
아몬드가루	20g
소금	약간
타르트돌(or 누름콩)	적당량

고구마필링

고구마	100g
버터	25g
화이트 초콜릿	15g
설탕	10g
계핏가루	1/2작은술
우유	25g

사과조림

사과	100g(작은 것 1개)
크랜베리	15g
호두(미리 구워 다져둔 것)	15g
설탕	20g
버터	8g
칼바도스(or 럼주)	1큰술

미리 준비해두세요
타르트틀은 18쪽을 참고해 미리 구워두세요.

1 고구마는 수분이 많지 않도록 오븐에서 구워내 껍질을 벗기고 으깨 준비하세요.

2 고구마의 더운 기가 남아 있을 때 화이트 초콜릿과 버터를 넣어 고루 섞고

3 설탕과 계핏가루를 넣어 고루 섞고 우유를 넣어 섞어서 필링을 완성해요.

4 사과를 얇게 저며 나머지 사과조림 재료들과 고루 섞어 불에 가열해 사과조림을 만들어요.

흐물흐물 하지 않고 수분이 날아갈 정도로만 가열하세요.

5 짤주머니에 완성해놓은 고구마필링을 넣어 미리 구워놓은 타르트틀에 고루 깔고

6 사과조림을 얹어 모양을 낸 후 170℃로 예열한 오븐에서 25〜30분간 구워요. 한 김 식힌 후 살구잼 광택제나 미로와를 발라 마무리하세요.

살구잼 광택제는 살구잼 100g, 물엿 5g, 물 15g을 냄비에 넣고 끓인 후 체에 걸러 만들어요.

아몬드크림과 무화과조림의 환상적인 조화

무화과타르트

 ★★☆

 30분

 170℃

 재료 (13cm 틀 2개분
or 6cm 미니틀 5개분)

타르트 반죽
버터	50g
슈거파우더	40g
달걀노른자	1개
바닐라에센스	1/2작은술
박력분	120g
아몬드가루	20g
소금	약간
무화과조림	적당량
타르트돌(or 누름콩)	적당량

아몬드크림
달걀	1개
버터	55g
아몬드가루	55g
설탕	55g

기타
살구잼 광택제(or 미로와)	약간

미리 준비해두세요
1. 타르트틀은 18쪽을 참고해 미리 구워두세요.
2. 181쪽 재료와 1번 과정을 참고해 무화과와인조림은 미리 만들어주세요.

일 년 중 신선한 무화과를 맛볼 수 있는 기간은 아주 짧은 편이지요. 마시다 남은 와인에 무화과를 넣어 졸여보세요. 향긋한 무화과조림을 입 안에 넣었을 때의 행복감이란 말로 다 표현할 수 없을 정도예요.

1

실온에 준비해둔 버터를 고루 풀어두고

2

설탕을 넣어 뭉침 없이 고루 섞고

3

달걀이 차가우면 분리되기 쉬워요. 냉장고에서 바로 꺼냈다면 잠시 따뜻한 물에 굴려주세요.

실온에 풀어둔 달걀을 2~3회에 나누어 넣어 분리되지 않도록 풀어주세요.

4

준비된 타르트틀에 아몬드크림을 담아 윗면을 고르게 펼친 다음

5

와인에 졸여 단면으로 썰어둔 무화과를 윗면에 촘촘히 얹어 모양을 내고

6

살구잼 광택제는 살구잼 100g, 물엿 5g, 물 15g을 냄비에 넣고 끓인 후 체에 걸러 만들어요.

170°C로 예열한 오븐에서 30분간 윗면의 색을 보아가며 굽고 한김 식힌 후 살구잼 광택제나 미로와를 발라 마무리해요.

꾸미는 재미가 더 즐거운
아이싱쿠키

아이싱쿠키를 처음 봤을 때 그 호기심이란…
보는 것만으로도 너무 예뻐서 행복해지는 쿠키지요.
꼬마들에게 이름이 새겨진 쿠키를 만들어 주면
모양에 상관없이 너무 행복해한답니다.

 ★ ☆ ☆

 10~12분

 170℃

 재료(7cm 15개분)

쿠키

박력분	135g
버터	70g
달걀	1/2개
슈거파우더	60g
아몬드가루	15g
베이킹파우더	1/3작은술
바닐라에센스	1/3작은술
강력분 or 중력분(덧밀가루)	
	적당량

슈거아이싱

달걀흰자	30g
슈거파우더	150~200g
레몬즙	1/2작은술
식용 색소(or 천연 가루)	적당량

1 실온의 버터는 멍울 없이 잘 풀어주고 체에 내린 슈거파우더를 고루 섞어요.

2 실온에 준비해둔 달걀과 바닐라에센스를 넣어 골고루 섞어요.

3 볼 가장자리를 깨끗이 정리해 반죽을 가운데로 모으고

4 체에 내려둔 가루를 넣어 세로로 자르듯 섞어

5 비닐에 담아 3시간 이상 냉장고에 넣어두세요(냉장 휴지).

6 너무 얇게 밀어도 맛이 없어요. 덧밀가루는 중력분이나 강력분을 사용하세요.

덧밀가루를 뿌려 4~5mm 두께로 밀어 모양 틀로 촘촘하게 찍어내요.

7 스틱을 꽂아 구울 경우 타지 않고 쿠키에 잘 붙도록 물에 담가 잠시 수분을 흡수시키고

8 찍어낸 쿠키 반죽에 아이스크림 스틱이나 이쑤시개 등을 꽂아

9 170°C로 예열된 오븐에서 색을 보아가며 10~12분간 구워내요.

10

레몬즙은 그림이 빨리 굳고 색깔을 희게 하는 역할을 하지요.

달걀흰자를 풀어 약간 거품낸 상태에서 레몬즙과 슈거파우더를 넣고 거품기로 섞다가 좀 되직해지면 슈거파우더로 농도를 조절하고

11

된 반죽은 짤주머니나 코르네에 넣어 테두리를 그리고 묽은 반죽으로는 안을 채워 반나절 이상 굳혀요.

12

밑면이 칠해진 쿠키 위에 다시 되직한 반죽으로 선이나 점을 그려넣어 장식을 하고 마무리해요.

 바닐라의 맛있는 제안

1 아이싱쿠키에 사용되는 식용 색소는요~

 아이싱쿠키의 포인트는 슈거아이싱에 섞는 알록달록한 색소인데요, 보통 미국이나 영국의 제품의 색소를 많이 사용하지요. 비교적 쉽게 구할 수 있는 미국 월튼 사의 색소는 미 식품의약국 FDA의 승인을 받아 비교적 안심하고 사용해도 되지만 아무래도 화학물질로 만들어진 제품이니 100% 마음 놓을 수는 없겠지요.

혹시 이런 걱정 때문에 아이싱쿠키를 만들기 망설여진다면 베이킹 전문 숍에서 판매하는 천연 가루를 사용해보세요. 녹차, 코코아, 단호박, 블루베리, 딸기 등 다양한 천연 가루 자체의 색은 식용 색소보다 차분하고 독특한 아름다움이 있지요. 단, 가루 재료가 더 들어가는 만큼 아이싱의 농도를 조절하는 데 조금 더 신경 써야 합니다. 그것도 번거롭다면 초콜릿 펜으로 간단하게 꾸며보세요.

2 코르네 접기

아이싱을 담을 땐 일회용 짤주머니나 코르네를 이용하는데 미리 여러 개를 접어두었다가 사용하면 편리하답니다.

1. 삼각형 모양의 유산지나 셀로판 비닐을 준비하세요.
2. 긴 변의 중심을 끝부분으로 생각하고 가장자리를 말아 올리고
3. **뾰족한** 끝부분의 입구가 조이도록 팽팽하게 당겨요.
4. 접힌 윗부분은 반대로 접어 고정시키고 아이싱을 넣어 다시 접어 사용합니다. 셀로판 비닐로 만들 경우 스카치테이프를 이용해 고정시켜 사용하면 편리해요.

 1   **2**

 3   **4**

Vanilla's Special Lesson

홈베이킹 선물 포장

그동안 궁금하셨죠? 바닐라의 선물 포장법.

이번 코너에서는 본문에서 소개한 쿠키들을 어떻게 포장했는지

바닐라가 친절하게 알려줄 거예요. 사진을 보고 따라하면 누구나 어렵지 않게

베이킹 포장을 할 수 있습니다. 사랑은 나눌수록 커진다고 하지요.

세상에 단 하나밖에 없는 정성스러운 선물로 고마운 마음을 전해보세요.

예쁜 포장지, 태그, 스티커를 책 속 부록으로 구성했으니

나만의 베이킹 포장에 활용해보세요.

페인트마커로 꾸미기

작은 쿠키를
포장할 때

길을 가다 보면 카페 유리창에 흰색 페인트마커로 그림을 그려놓은 곳들이 종종 눈에 보이더라구요. 그 아이디어를 베이킹 포장에도 응용해봤어요. 흰색, 은색, 금색 등의 유성 페인트마커로 투명 컵에 그림을 그려 코코넛로셰와 같이 작은 사이즈의 쿠키를 담아 꼬마들 손에 쥐어주면 정말 귀엽고 깜찍

한 선물이 된답니다. 페인트마커는 투명한 컵뿐만 아니라 투명한 비닐에도 쉽게 그려지기 때문에 무궁무진하게 응용할 수 있고 페인트마커가 없을 때는 까만 매직으로 그려도 또 다른 멋이 있지요.

페인트마커는
대형 문구점에서
쉽게 구할 수
있어요.

1. 투명 컵 뚜껑 가운데 부분은 칼로 조심스럽게 십자 모양을 뚫어요.

2. 매듭을 묶은 리본을 끼워 손잡이를 만드세요.

3. 하얀 페인트마커를 이용해 투명 컵에 그림을 그린 후 쿠키를 담아 뚜껑을 닫으면 완성.

삼각뿔 모양으로 포장하기

블로그에 '곰돌이 마들렌'과 '스노볼' 포장법으로
올려 많은 문의를 받았던 포장법이에요. 리본을 묶
는 법이 복잡하고 어렵다고 느끼시는 분들을 위해
간단히 스티커를 붙여 포장해봤어요. 납작한 쿠키
보다는 키세스쿠키와 같이 볼록한 쿠키를 낱개로
포장할 때 잘 어울리는 포장법이랍니다.

작은 쿠키를
하나씩 포장할 때

책 속 부록에
포장용 스티커가
들어 있어요.

1. 쿠키를 비닐 봉투에
넣고 봉투의 입구
가운데 부분을 앞뒤로
당겨 삼각뿔 모양으로
접어주고

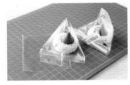

2. 스티커 용지에 원하는
디자인을 인쇄해서
오려 붙여주면 완성.

유산지로 포장하기

작은 쿠키를
하나씩 포장할 때

일본 여행 때 봤던 화과자 포장법을 응용한 것인데
요. 병아리 태그를 만들어 노란 철끈으로 묶어주었
더니 안에 들어 있는 병아리만주와 너무 잘 어울리
네요. 이젠 화과자 같은 것을 포장할 때도 따로 케
이스를 구입할 필요가 없답니다.

1. 원하는 그림을 컬러로
프린팅해 가위로 오린
다음 펀치로 구멍을 뚫고
철끈을 통과시켜 태그를
만들어두세요.

책 속 부록에
포장용 태그가
들어있어요.

2. 만주를 감쌀 넉넉한
크기의 유산지를
준비하고

3. 가로로 길게 돌돌 감싸
위쪽으로 접어 올리세요.

4. 유산지를 오므려
준비해둔 태그로
마무리하면 완성이에요.

나만의 스티커 만들기

요즘은 나만의 스티커나 태그 만들기가 유행인 것 같아요. 홈베이커들이 가족을 위해 베이킹을 하기도 하지만 선물용으로 만드는 경우도 많거든요. 쉽게 구할 수 있는 견출지와 스탬프를 이용해서 멋스러운 스티커를 만들어보세요. 저는 '티타임 스탬프'와 '영문 대문자 스탬프'를 가장 많이 사용하지요.

묻어나지 않는 바삭한 과자를 포장할 때

1. 투명한 비닐 봉투에 길쭉한 형태의 과자를 담아요.

2. 견출지에 스탬프로 쿠키 이름 등 원하는 메시지를 찍어요.

3. 빨간색 실로 비닐에 담긴 쿠키를 묶고 스티커를 붙여 장식하면 완성.

사탕 모양으로 포장하기

백화점 지하에서 흔히 볼 수 있는 바 모양의 치즈
케이크 포장법을 응용했어요. 오트밀쿠키를 이렇
게 포장해서 아침에 출근하는 남편이나 등교하는
자녀에게 챙겨준다면 행복한 선물이 되겠죠? 저는
빨간색 배경에 나탈리 콜의 'L.O.V.E' 가사를 적어
남편에게 선물할 포장지를 디자인해봤어요.

바 모양 쿠키나
케이크를 포장할 때

책 속 부록에
포장지가
들어있어요.

1. 길다란 바 모양의
쿠키를 감쌀 정도의
유산지를 준비해요.

2. 쿠키는 돌돌 말아
양 끝을 사탕 묶듯이
꼬아요.

3. 메시지를 적어 프린팅
해놓은 종이를 적당한
크기로 잘라 쿠키를
감싼 다음 테이프로
고정해주세요.

카드형 태그로 포장하기

연말연시나 특별한 날에는 미니 카드 안쪽에 메시지를 적어 포장해보세요. 리본 하나만 묶는 것보다는 정성과 마음을 표현하기에 훨씬 좋아요.

특별한 날, 카드와 함께 선물하고 싶을 때

책 속 부록에 예쁜 태그가 들어있어요.

1. 인쇄한 종이를 적당한 크기로 자른 다음 접어서 카드 형태로 만들어요.

2. 왼쪽 상단에 펀치로 구멍을 뚫어 리본을 묶어 카드 태그를 완성해요.

3. 쿠키를 넣은 봉투의 입구를 예쁘게 주름 잡아 접고 준비해둔 카드형 태그를 묶어주세요.

아일릿으로 태그 꾸미기

아일릿은 블로그에서 많은 질문을 받았던 도구 중 하나인데 인터넷 쇼핑몰이나 대형 문구점에서 구입할 수 있어요. 종이 태그를 만들었을 때 리본을 끼운 부분이 약해서 쉽게 찢어지는 경우가 있는데 이때 금속으로 된 아일릿을 끼워주면 좀 더 튼튼하고 멋스러운 태그를 완성할 수 있어요.

종이 태그를
특별하게 꾸미고 싶을 때

책 속 부록에
예쁜 태그가
들어 있어요.

1. 핑킹가위 등을 이용해 모양내 자른 종이에 스탬프를 이용해 메시지를 찍어주세요.

2. 아일릿 기구의 윗부분에 있는 펀치를 이용해 구멍을 뚫어요.

3. 구멍에 금속 아일릿을 끼워 기구를 이용해 고정시키고 리본을 끼우세요.

각설탕 꾸미기

아이싱쿠키를 만들고 나면 아이싱이 조금씩 남는
데 버리기는 너무 아깝지요. 이것으로 시중에 판매
되는 각설탕을 꾸며보세요. 예쁜 각설탕을 사각의
조각케이크 틀에 담거나 일렬로 묶어 포장한 다음
쿠키나 차를 선물할 때 함께 넣는다면 센스있는 선
물이 된답니다.

쿠키나 차를
선물할 때

1. 투명한 셀로판 비닐을
적당한 크기로 잘라요.

2. 아이싱으로 꾸민
각설탕을 일렬로 줄지어
돌돌 말아 테이프로
고정시켜요.

3. 양옆을 리본으로 묶어
마무리하면 끝.

part 3

직접 만들어 더 폼 나는
밍킹표 케이크

이 파트에서는 베이킹 블로거 중에서도 특히 케이크로 유명한 밍킹의

초특급 베이킹 노하우를 공개할 거예요. 애프터눈 티와 곁들이거나 아이들 간식으로

좋은 미니 케이크와 머핀, 특별한 사람을 위한 생일 케이크와 선물용 케이크 등

다양한 케이크 레시피로 구성되어 있지요. 친절한 밍킹이 초보자들도

쉽게 만들 수 있도록 과정 하나하나를 자세하게 설명해준답니다.

맛있는 밍킹표 케이크 한 조각이면 평범한 일상이 행복으로 물들 거예요.

사워크림머핀

부드럽고 촉촉한 사워크림맛

티타임을 부르는 부드러운 머핀이에요.
체리, 건포도, 크랜베리 등을 넣어 취향에 맞게 만들어보세요.
대나무 꼬치 이름표나 아이싱 쿠키로 장식하면
아이들에게도 인기 만점이랍니다.

 ★☆☆

 20분

 180℃

 재료(5cm 6개분)

버터	80g
설탕	160g
달걀	100g
사워크림	240g
박력분	230g
베이킹파우더	2작은술
토핑용 굵은 설탕	약간

1 멍울 없이 부드럽게 풀어놓은 실온 버터에 설탕을 2~3회 나누어 넣으면서 크림색이 될 때까지 핸드믹서로 휘핑해요.

2 미리 풀어놓은 달걀을 4~5번에 나누어 넣으며 볼륨이 생길 때까지 다시 휘핑해요.

3 사워크림의 절반을 먼저 넣어 거품기로 부드럽게 섞다가

4 체에 내린 박력분과 베이킹파우더를 넣어 주걱으로 살살 자르듯이 가볍게 섞고

5 나머지 사워크림을 넣고 매끄럽게 섞어요.

반죽을 짤주머니에 담아 틀에 짜면 깔끔하게 만드실 수 있어요.

6 준비한 틀에 머핀용 종이를 깔고 반죽을 80% 정도 채워요.

7 알이 굵은 설탕을 윗면에 뿌린 다음 180℃ 오븐에 20분 정도 구워주세요.

밍기의 베이킹 시크릿

1 온도 조절 주의하세요

머핀은 낮은 온도에서 오래 구우면 퍽퍽하게 될 수 있어요. 높은 온도로 짧은 시간에 구워내세요. 그리고 가스오븐은 전기오븐보다 10℃ 정도 높여 구워주세요.

2 사워크림이 없을 때는?

사워크림은 마트에서 구하기 쉽지 않고 유통기한이 짧지요. 사워크림이 없을 때는 플레인요구르트로 대신해 보세요. 플레인요구르트를 커피 필터나 키친타월에 올려서 하룻밤 정도 물기를 빼서 사용하면 됩니다.

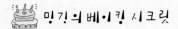

머핀 데코레이션

Ⅰ 아이싱쿠키로 장식하기

생일 케이크와 양초 대신 머핀과 함께 과자 촛불을 준비해보세요.
아이들도 좋아한답니다.

아이싱쿠키
만드는 법은
138쪽에 있어요.

1. 짤주머니에 생크림을 담아 별
모양 깍지를 끼운 다음 머핀 위
에 큰 동그라미를 그리면서 짜주
세요.

2. 큰 동그라미 위에 조금 작은
동그라미를 그리듯 짜고

3. 머핀 위에 돔으로 크림을 짜
주세요.

4. 양초 모양의 아이싱쿠키를 만
들어 생크림 위에 꽂으면 앙증맞
은 머핀 완성.

❷ 대나무 꼬치 이름표로 장식하기

대나무 꼬치에 생일 맞은 어린이의 이름을 적어주세요.
근사한 케이크 없이도 멋진 키즈 파티가 될 거예요.

 ★ ☆ ☆

 20분

 180℃

 재료 (5cm 9~10개분)

머핀 반죽

버터	150g
물엿	20g
달걀	1개
달걀노른자	1개분
박력분	180g
옥수수전분	20g
코코아가루	30g
베이킹파우더	1/2작은술
우유	50g
플레인요구르트	60g
초코칩	100g
장식용 초코칩	약간

오렌지설탕

설탕	130g
오렌지껍질	1/2개

요구르트와 초코칩의 부드러움

초코머핀

고교 시절, 자율 학습이 끝나고 아이스크림집에 들어서면
늘 그 아이가 주문했던 것은 초코칩이 들어간 민트 아이스크림.
그 친구의 미소… 그리고 발그레 변한 나의 볼.

흰 부분이 들어가면 쓴맛이 나니 주의하세요.

소금으로 문질러 깨끗하게 씻은 오렌지의 껍질 부분을 강판으로 긁어

오렌지껍질에 분량의 설탕을 섞어 오렌지 향이 나는 설탕을 만들어요.

실온에 놓아둔 버터를 멍울 없이 부드럽게 풀어주고

미리 만들어놓은 오렌지설탕과 물엿을 2~3번 나눠 넣으며 크림색이 날 때까지 힘차게 핸드믹서로 섞어요.

풀어놓은 달걀과 달걀노른자를 4~5번에 나눠가며 섞어주고

반죽이 전체적으로 볼륨이 생길 때까지 휘핑해주세요.

플레인요구르트을 넣어 부드럽게 섞고

체에 내린 가루류(박력분, 옥수수전분, 코코아가루, 베이킹파우더)의 1/2을 먼저 넣고 섞다가 우유를 넣고 매끄럽게 반죽해요.

나머지 가루류를 넣고 주걱으로 반죽을 세로로 자르듯이 가볍게 섞고

마지막으로 초코칩을 넣고 주걱으로 섞어 주세요.

준비된 머핀 틀에 머핀용 종이를 깔고 80% 정도 반죽을 채운 다음 초코칩을 올려 180°C로 예열된 오븐에서 20분 정도 구워주세요.

대나무 꼬치로 찔러 묻어나오는 게 없으면 초코머핀 완성.

밍기의 베이킹 시크릿

민트와 초콜릿을 조합해보세요

오렌지와 초콜릿처럼 민트와 초콜릿도 잘 어울리는 조합인데요. 전 겨울이면 핫초코에 민트 리큐어를 넣어 즐겨 마신답니다. 생크림과 초콜릿을 2:1비율로 녹인 후 민트 리큐어를 넣고 가나슈를 만들어 머핀 위에 발라보세요. 색다른 초코머핀의 맛을 즐기실 수 있답니다.

아이와 함께 만드는

부엉이초코머핀

 ★ ☆ ☆

 20분

 180℃

아이와 함께 귀여운 부엉이컵케이크를 만들어보세요.
큰 머핀은 엄마 부엉이, 작은 머핀은 아가 부엉이로…
아이의 정서 발달에도 도움을 주는 즐거운 베이킹 시간이 될 거예요.

 재료(2개분)

초코머핀 ···················· 2개

가나슈
다크 초콜릿 ················ 200g
생크림 ······················ 60g

장식
초코쿠키 ···················· 4개
검은색 초코볼 ·············· 4개
노란색 초코볼 ·············· 2개

1

다크 초콜릿과 생크림을 섞어 부드럽게
녹인 후 냉장고에서 굳혀 단단한 가나슈
를 만들어두세요.

2

초코머핀 만드는 법은
155쪽을 참고하세요.

완성된 초코머핀 위에 가나슈를 평평하게
발라주고

3

준비한 초코쿠키와 검은색 초코볼을 얹어
주세요.

4

가나슈를 별깍지를 끼운 짤주머니 넣어
부엉이의 털모양으로 짜주세요.

5

노란색 초코볼을 꽂아 코를 만들면 귀여
운 부엉이초코머핀 완성.

장미꽃 짜기를 연습해서
머핀 위에 올려도 멋스러운
머핀을 연출할 수 있답니다.
장미꽃 짜기는 246쪽에
있어요.

단호박꽃머핀

호박꽃을 생각하면서 꽃모양틀에 구워냈는데 일반 머핀 틀에 구워도 좋아요.
자기 스타일대로 쉽고 재미있게 만들어보세요.
이제 호박꽃은 더이상 못난이 꽃이 아니랍니다.

★☆☆

 20분

180℃

재료(5cm 7개분)

머핀 반죽

버터	100g
설탕	70g
달걀	1개
달걀노른자	1개
단호박 페이스트	150g
우유	50g
박력분	130g
베이킹파우더	2작은술
크랜베리	30g
럼주	적당량
장식용 호박씨	약간

단호박 페이스트

익힌 단호박	150g
꿀	적당량

틀 코팅용(분량 외)

버터	약간
강력분	약간

미리 준비해두세요

1. 크랜베리는 럼주에 불려놓으세요.
2. 190쪽 과정 1~2번을 참고로 단호박 페이스트를 만들어 두세요.

1. 머핀 틀에 붓으로 분량 외 버터를 바르고 냉장고에 넣어두었다가 꺼내서 강력분을 뿌려 탁탁 털어두세요.

2. 실온에 두어 말랑해진 버터를 거품기로 부드럽게 풀어주고 설탕을 2~3회 나누어 넣으면서 휘핑해요.

3. 달걀은 미리 풀어놓았다가 4~5회에 나눠가며 섞어주고

4. 밝은 크림색의 볼륨 있는 반죽이 될 때까지 힘차게 핸드믹서로 휘핑해주세요.

5. 단호박 페이스트를 넣어 부드럽게 섞고

6. 우유를 넣고 매끄럽게 섞은 다음

체에 내린 박력분과 베이킹파우더를 넣고
나무주걱으로 자르듯이 섞어 반죽하세요.

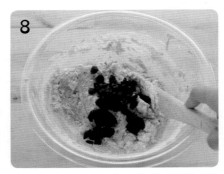

럼주에 미리 불려놓은 크랜베리의 물기를
빼 반죽에 넣고

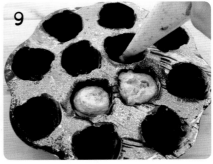

짤주머니에 반죽을 담아 준비된 틀에 짜
넣고 180℃로 예열된 오븐에서 20분 정
도 구워주세요.

밍기의 베이킹 시크릿

1. 장미틀 대신 일반 머핀컵에 호박씨를 얹어
구워내도 먹음직스럽지요. 머핀 틀이 없을
경우에는 종이컵을 잘라 대신 사용해도 좋
습니다.

2. 사랑은 표현하면 표현할수록 깊어진다고
하잖아요. 꽃모양 머핀을 하나씩 포장해서
투명 박스에 담아 사랑의 메시지를 전해보
세요. 별것 아닌 포장이지만 장미가 발휘하
는 위력은 대단하답니다. 평범한 머핀을 비
범하게 만드는 이 매직 포장법은 앞으로도
계속 사랑할 것 같아요.

레몬과 크림치즈의 그윽한 풍미
레몬크림치즈파운드

속눈썹이 빠르게 깜빡인다 그건… 나에게 단단히 화났다는
그 애만의 사인! 미안, 내가 약속 시간에 너무 늦었지?
맛있는 케이크를 준비했으니 이제 화해하자고!

 ★★☆

 40~50분

 170℃

 재료
(18x7x6cm 1개분)

케이크 반죽
버터	100g
크림치즈	100g
슈거파우더	100g
달걀	2개
레몬껍질	1/2개
레몬즙	1작은술
박력분	100g
베이킹파우더	2/3작은술

레몬조림
레몬	1개분
물	150g
설탕	50g

장식
살구잼 광택제	약간
피스타치오	약간

코팅 파운드 틀이라면 버터를 바르고 강력분을 뿌려 탁탁 털어 준비하세요.

코팅 틀이 아니라면 유산지를 깔아두고

이때 흰 부분이 들어가면 쓴맛이 나니 주의하세요.

뜨거운 물로 씻고 굵은 소금으로 박박 문지른 레몬은 껍질 부분만 강판(제스터)에 조심스럽게 갈아놓아요.

실온에 두어 손가락으로 누르면 부드럽게 들어가는 말랑한 버터도 준비해두세요.

버터와 크림치즈를 부드럽게 풀어주고 슈거파우더를 넣어 거품기로 부드럽게 섞어요.

슈거파우더가 날릴 수 있으니 거품기로 살살 부드럽게 섞다가

풀어놓은 달걀을 4~5회에 나눠가며 조금씩 섞어 크림 상태로 만들어요.

갈아놓은 레몬껍질과 레몬즙을 넣어 섞고

체에 내린 박력분과 베이킹파우더를 넣고 주걱으로 자르듯이 조심스럽게 섞어요.

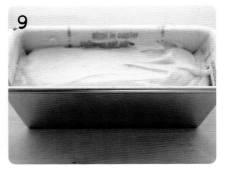

틀에 반죽을 담아 작업대에 여러 번 가볍게 쳐 공기를 빼고 170℃로 예열된 오븐에 넣어요.

10

20분 경과 후 틀을 꺼내 중간 부분을 칼로 그어주고

11

대나무 꼬치로 가운데 부분을 찔러 묻어 나오는 게 없을 때까지 약 20~30분 정도 더 구워주세요.

12

뜨거우니 주의하세요.

다 구워지면 바로 틀에서 꺼내

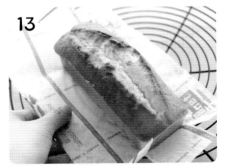

13

식힘망에서 한김 식히고 살구잼 광택제나 럼주를 파운드 표면에 발라

14

파운드케이크가 건조해지는 것을 방지할 수 있어요.

랩이나 비닐로 감싸놓아요.

15

레몬조림 만들기는 182쪽을 참고하세요.

물과 설탕을 섞은 냄비에 깨끗이 씻어 3~ 4mm 두께로 슬라이스한 레몬을 넣고 약불에서 졸인 레몬조림으로 장식해주세요.

 ★☆☆

 40〜50분

 170℃

삼색마블파운드

마블은 대리석이라는 뜻입니다. 오븐에서 구워 칼로 잘라 보기 전에는
어떤 마블이 나올지 모르는 예측 불허의 마블 파운드.
예쁜 마블 나와라 뚝딱! 주문을 외워보세요.

재료 (18x7x6cm 1개분)

전체 반죽

버터	100g
슈거파우더	100g
달걀	2개

플레인 반죽

전체 반죽 중 1/2	약 150g
박력분	50g
베이킹파우더	2g

초코 반죽

전체 반죽 중 1/4	약 75g
박력분	20g
코코아가루	10g
베이킹파우더	2g
녹인 초콜릿	10g

녹차 반죽

전체 반죽 중 1/4	약 75g
박력분	20g
녹차가루	5g
베이킹파우더	2g
연유	10g

1

실온에 두어 숟가락으로 눌렀을 때 부드
럽게 들어가는 말랑한 버터를 부드럽게
풀어주고

2

풀어놓은 버터에 슈거파우더를 넣고

3

가루가 날리지 않도록 부드럽게 섞어요.

4

미리 풀어놓은 달걀을 4~5회 나눠가며
부드럽게 섞어 반죽을 완성해요.

5

만들어놓은 반죽 약 150g에 체에 내린 박
력분과 베이킹파우더를 섞어 플레인 반죽
을 만들고

6

반죽 약 75g에 체친 박력분, 코코아가루,
베이킹파우더를 넣고 섞다가 녹인 초콜릿
을 섞어 초코 반죽을 만들어요.

7

나머지 반죽 약 75g에 체에 내린 박력분,
녹차가루, 베이킹파우더를 넣어 자르듯이
섞고 연유를 넣어 녹차 반죽을 만듭니다.

8

준비해둔 플레인·초코·녹차 반죽을 차
례대로 파운드 틀에 담아 대나무 꼬치나
젓가락으로 2~3회 원을 그리고 170℃ 오
븐에서 구워주세요.

9

파운드는 하루 정도
지난 후에 먹으면 더
촉촉하고 맛있어요.

20분 후 오븐에서 꺼내 중간에 칼집을 넣
은 다음 20~30분 정도 더 구워 식힘망에
서 식히면 파운드 완성.

레드 와인에 졸인 무화과의 향긋함

무화과쇼콜라파운드

오랜 시간 지루한 표정 하나 짓지 않고 몸을 앞으로 내민 채
내 얘기를 열심히 들어주던 아이. 언제나 내 편이 되어주는
고마운 너를 위해 준비한 무화과쇼콜라파운드.

★ ☆ ☆

 40~50분

 170℃

 재료 (27x5x4cm or
18x7x6.5cm 1개분)

케이크 반죽

버터	100g
슈거파우더	100g
달걀	2개
박력분	70g
베이킹파우더	2/3작은술
코코아가루	30g
아몬드가루	20g
다크 초콜릿	50g
무화과	50g
피스타치오	10g

장식

장식용 무화과	약간
살구잼 광택제	약간

미리 준비해두세요
무화과는 럼주에 미리 불려주세요.

1 다크 초콜릿은 전자레인지나 중탕으로 부드럽게 녹여 준비하세요.

2 실온에 두었다가 부드럽게 풀어준 버터에 슈거파우더를 넣어 거품기로 잘 섞고

3 달걀을 풀어 4~5번에 나누어 넣으며 거품기로 잘 섞고

4 체에 내린 박력분, 베이킹파우더, 코코아가루, 아몬드가루를 넣고 주걱으로 자르듯이 섞어요.

5 녹여둔 초콜릿을 넣어 주걱으로 섞고

무화과가 없을 때는 다른 견과류를 넣어도 좋아요.

6 무화과와 피스타치오를 넣어 섞어요.

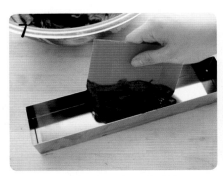

충분히 식혀 드세요. 하루가 지난 뒤 먹으면 더욱 촉촉하고 맛있어요.

틀에 담은 후 170°C의 오븐에서 40~50 분 정도 구워주세요.

구워져 나온 파운드는 틀에서 꺼내 한김 식히고 살구잼 광택제를 바른 다음

무화과와 피스타치오로 장식해요.

밍기의 베이킹 시크릿

우박 설탕을 뿌려 장식해보세요

긴 파운드 틀이 없을 때는 일반 틀에 반죽을 담고 윗면에 우박 설탕을 솔솔 뿌려 장식해도 멋진 파운드가 되지요. 검은색 파운드 표면에 하얀색 우박 설탕이 밤하늘의 별 같아요. 고흐의 그림 '별 헤는 밤' 같은 쇼콜라파운드를 만들어보세요.

투명한 비닐로 한 번 싸서 원하는 취향대로 장식한 다음 리본만 하나 묶어도 정성스러운 선물이 완성된답니다.

캐러멜바나나파운드

캐러멜리제바나나와의 만남

갑자기 초대 받은 자리, 약속 시간은 다가오는데 흐음 무엇을 만들어 가지?
이건 어려울 것 같고 저건 너무 오래 걸리잖아. 그렇다면 뭐가 좋을까?
아이 참~ 나 좀 봐! 벌써 다 정해놓고선! 간단하게 만들어 선물하기에 좋은
캐러멜바나나파운드.

★★☆

 40~50분

 170℃

 재료(18x7x6cm 1개분)

캐러멜리제바나나

바나나	2개
설탕	30g
버터	30g
럼주	1큰술

파운드 반죽

버터	100g
설탕	90g
달걀	100g
박력분	125g
베이킹파우더	1작은술
캐러멜리제바나나	70g

장식

장식용 바나나	8쪽
살구잼 광택제	약간

1

분량의 설탕과 버터를 팬에 녹이고

2

바나나를 잘라서 넣고 나무주걱으로 잘 저어준 다음

3

어느 정도 캐러멜 색이 나면

4

다크 럼주를 사용하면 향이 더 그윽해요.

럼주를 넣어 마무리해요.

5

그릇에 담아 식히면 캐러멜리제바나나 완성.

6

실온에 놓아둔 부드러운 버터에 설탕을 2~3번에 나눠 핸드믹서로 휘핑하다가

7

미리 풀어놓은 달걀을 4~5회에 나눠넣으 며 풍성하게 볼륨을 주고

8

체에 내린 박력분, 베이킹파우더를 2번 정도 나눠 넣고

9

나무주걱으로 자르듯이 섞어 반죽을 만들어요.

10

미리 만들어 차게 식혀놓은 캐러멜리제 바나나를 넣고 부드럽게 섞어준 다음

11

조심스럽게 파운드 틀에 넣고 윗면에 바나나를 올려 170℃ 오븐에 구워요.

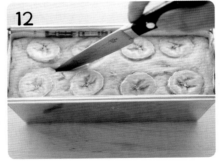

12

20분이 지난 후 오븐에서 꺼내 칼로 반을 가르고 다시 20~30분 정도 더 구워주세요.

13

살구잼 광택제는 광택과 보존성을 향상시켜 주지요.

파운드 틀에서 꺼내 식힘망에서 식힌 다음 살구잼 광택제를 바르면 캐러멜바나나 파운드 완성.

밍기의 베이킹 시크릿

1 머핀컵에 하나씩 구워도 좋아요
생일 케이크를 만들기 부담스럽다면 사랑하는 사람의 생일에 머핀과 초를 준비해서 Let's party.

2 맛있는 파운드로 선물 세트를 만들어보세요
비닐에 넣어 리본으로 장식해서 상자에 차곡차곡 담으면 고급스러운 파운드 선물 세트가 완성.

아몬드와 오렌지의 환상적인 조화
오렌지케이크

케이크의 촉촉함과 부드러움에 감동하는 순간, 입 안 가득 퍼지는
상큼한 오렌지 향기. 아몬드의 고소함과 새콤달콤한 오렌지 맛이
환상적이랍니다.

★★☆

 50~60분

 170℃

 재료(18cm 원형 틀 1개분)

케이크 반죽

버터	100g
설탕	120g
오렌지껍질	1개분
달걀	2개
달걀노른자	1개
오렌지즙	30g
박력분	75g
아몬드가루	75g
베이킹파우더	2/3작은술

마무리

럼주(or 그랑마르니에)	약간
살구잼 광택제	약간

틀 코팅용(분량 외)

버터	약간
강력분	약간

1 실온에 두었다가 거품기로 부드럽게 만든 분량 외 버터를 케이크 틀에 붓으로 바른 다음 잠시 냉장고에서 버터를 굳히고

2 강력분을 뿌린 후

3 강력분을 탁탁 털어내 틀을 준비해요.

4 소금으로 문질러 깨끗하게 씻은 오렌지를 껍질 부분만 강판에 긁어 준비하고

> 흰 부분이 들어가면 쓴맛이 나니 주의합니다.

5 오렌지껍질을 분량의 설탕과 섞어 오렌지 향이 나는 설탕을 만들어놓아요.

6 실온의 버터를 거품기로 부드럽게 풀어주고 5번의 오렌지설탕을 2~3회 나눠 넣으며 휘핑하고

7

미리 풀어놓은 달걀을 4~5회 나눠 넣으며 볼륨이 생길 때까지 휘핑해요.

8

오렌지즙 1/2을 넣고

9

체에 내린 박력분과 아몬드가루를 넣어 주걱으로 살살 섞다가

10

남은 오렌지즙을 넣고 섞어요.

11

준비된 틀에 반죽을 담아

12

작업대에 여러 번 가볍게 쳐 공기를 빼 170℃ 오븐에 50~60분 구워주세요.

13

다 익은 케이크에 럼주 또는 그랑마르니에와 살구잼 광택제를 순서대로 바르고

13

바로 먹는 것보다 하루 정도 두었다가 먹으면 훨씬 맛이 좋아요.

하루 정도 실온에서 숙성시키면 오렌지케이크 완성.

그랑마르니에란? 오렌지를 주원료로 만든 오렌지술로 케이크를 만들 때 사용하면 풍미가 좋아요. 그랑마르니에 대신 럼주을 사용해도 무관합니다.

레몬케이크

달리는 자동차의 창문을 활짝 열었더니 신선한 봄바람이
차 안을 통과합니다. 머리카락이 노래를 부르듯 흩날립니다.
아~ 라랄라. 상큼한 봄바람을 닮은 레몬케이크.

 ★★☆

 40~50분

 170℃

 재료(18cm 원형 틀 1개분)

케이크 반죽

달걀	2개
달걀노른자	2개
설탕	150g
소금	약간
레몬껍질	1개분
레몬즙	1큰술
박력분	100g
베이킹파우더	1작은술
녹인 버터	50g
살구잼 광택제	약간

아이싱

슈거파우더	100g
레몬즙	20g

장식

장식용 설탕	약간

틀 코팅용(분량 외)

버터	약간
강력분	약간

1

실온에 놓아둔 부드러운 버터를 틀에 붓으로 꼼꼼하게 바른 후

2

강력분을 솔솔 뿌려주고

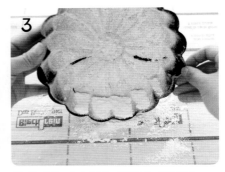

3

틀에 남은 밀가루를 탁탁 털어두세요.

4

흰 부분이 들어가면 쓴맛이 나니 주의하세요.

소금으로 문질러 깨끗하게 씻은 레몬의 껍질 부분만 강판에 갈아 준비해두세요.

5

달걀노른자 피막에 설탕이 묻은 상태로 오래 놓아두면 덩어리 생길 수 있어요.

볼에 분량의 달걀과 달걀노른자를 넣어 멍울을 풀어주고

6

설탕과 소금을 넣고

7

너무 많이 휘핑하지 마세요.

살짝 거품이 생기는 정도로만 휘핑해주세요.

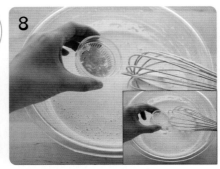

8

준비한 레몬껍질과 레몬즙을 넣고

체에 내린 박력분과 베이킹파우더를 넣어요.

178

10

덩어리 없이 부드럽게 거품기로 섞어 표면에 윤기가 생기면

11

녹인 버터를 넣어 매끄럽게 섞어요.

12

준비된 틀에 반죽을 부어 틀을 탁탁 두어 번 쳐서 공기를 뺀 다음 170℃로 예열된 오븐에서 40~50분간 구워주세요.

13

살구잼 광택제는 살구잼 100g, 물엿 5g, 물 15g을 냄비에 넣고 끓인 후 체에 걸러 만들어요.

틀에서 꺼내 식힘망에 한김 식힌 다음 살구잼 광택제를 발라요.

14

슈거파우더에 레몬즙을 넣고 덩어리 없이 매끄럽게 섞어 만들어놓은 아이싱을

15

붓으로 발라 200℃ 오븐에 1분간 말리면 레몬케이크 완성.

밍기의 베이킹 시크릿

미니사각레몬케이크 만들기

미니사각종이틀에 구워내 하나씩 먹는 것도 좋아요.
틀에 구애 받지 말고 자유롭게 구워보세요.

1 반죽을 미니사각종이틀에 넣어 구워요.
2 다 구워지면 아이싱을 바르고
3 레몬껍질로 장식해주세요.

레드 와인과 무화과의 풍미

무화과파운드

무화과는 아담과 하와가 먹었다고 하는 신비의 과일이지요.
'꽃 없이 얻은 과일'이라는 의미로 무화과라고 불린대요.
무화과파운드는 레드 와인에 조린 무화과가 계피와 어우러져
특유의 향기를 자아낸답니다.

★★☆

 40분

 170℃

 재료(18cm 샤바렝 틀 1개분)

파운드 반죽
버터 ──────────── 90g
슈거파우더 ────────── 80g
달걀 ───────────── 2개
박력분 ──────────── 110g
베이킹파우더 ───────── 3g
무화과와인조림 ────── 100g

무화과와인조림
건조 무화과 ────────── 200g
레드 와인 ─────────── 150ml
설탕 ───────────── 50g
계피스틱 ──────────── 1/2개

남은 무화과는 소독한 병에 보관했다가 필요할 때 사용하시면 됩니다.

무화과는 반으로 잘라 럼주에 불려두거나 계피스틱대신 계핏가루 1/3작은술을 사용해도 좋아요.

1

꼭지를 딴 무화과를 깨끗이 씻어 와인, 설탕, 계피스틱을 넣고 약한 불에 졸여 무화과와인조림을 만들어두세요.

2

실온에 둔 버터를 부드럽게 풀고

3

슈거파우더를 넣어 섞다가

4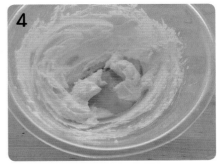

풀어놓은 달걀을 분리되지 않도록 조금씩 섞고

5

체에 내린 박력분, 베이킹파우더를 넣고 자르듯 섞어요.

6

밀가루를 묻히면 무화과가 바닥에 가라앉지 않아요.

미리 만들어두었던 무화과와인조림 100g에 밀가루를 살짝 묻히고

7

8

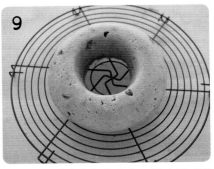

9

밀가루를 묻힌 무화과와인조림을 반죽에 넣어 살살 섞어줍니다.

준비된 틀에 넣고 170°C로 예열된 오븐에 40분간 구워주세요.

오븐에서 꺼내자마자 곧바로 틀과 분리해 식힘망에 식히면 무화과파운드 완성.

밍기의 베이킹 시크릿

레몬필 & 레몬즙 만들기

1 레몬은 키친타월에 소주를 묻혀 닦거나 끓는 물에 살짝 데쳐 왁스를 제거해주세요(레몬이나 오렌지는 먹음직스럽게 보이도록 표면에 왁스를 칠해 수출하는 경우가 많아요).

2 잔류 농약이 남지않도록 굵은 소금이나 베이킹소다로 박박 문질러 씻어주세요.

3 그리고 흐르는 찬물에 충분히 헹궈내세요.

4 제스터나 강판을 이용해서 껍질 부분만 살살 벗겨냅니다.

5 흰부분이 들어가지 않도록 잘 벗겨두고 남은 부분으로 레몬즙을 짜주세요.

6 벗겨놓은 레몬껍질은 냉동실에, 짜 놓은 레몬즙은 냉장고에 보관했다가 베이킹에 사용합니다(레몬즙을 짜고 남은 찌꺼기로 도마를 닦아보세요. 살균 효과 뿐 아니라 도마에 밴 냄새도 없애줍니다).

레몬조림 만들기

물 150g과 레몬 1개를 슬라이스해서 함께 끓이다가 설탕 50g을 넣고 흰 부분이 반투명해지면 체에 걸러 사용해요.

고마운 갈색 요정

초코브라우니

'브라우니'는 스코틀랜드의 전설에 나오는 요정이래요.
집안일을 해준다니 얼마나 고마운 요정인가요?
요정 브라우니! 설거지를 부탁해!

★☆☆

 30분

 170℃

 재료(15x15cm 정사각틀 1개분)

브라우니 반죽

버터	120g
설탕	150g
소금	약간
달걀	100g
다크 초콜릿	130g
박력분	70g
코코아가루	30g
호두	20g
헤이즐넛	20g
피스타치오	20g

장식

장식용 견과류	약간씩

1 견과류는 160℃ 오븐에 10~15분 구워 미리 준비하고

2 버터는 전자레인지나 중탕으로 40℃ 정도로 녹여둡니다.

3 2번에서 녹여둔 버터에 분량의 설탕과 소금을 넣고 거품기로 잘 섞어주고

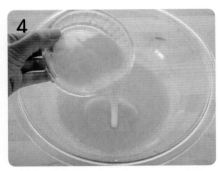

4 달걀을 넣은 다음 거품기로 골고루 섞어요.

5 전자레인지나 중탕으로 녹인 초콜릿을 넣고

6 거품기로 골고루 섞어준 다음

체에 내린 박력분과 코코아가루를 넣어
부드럽게 섞고

8 견과류 대신 체리나
조린 사과를 넣어도
맛있지요.

견과류를 넣은 후 혼합해요.

9 호두, 반으로 가른
통헤이즐넛, 피스타치오
등을 장식해보세요.

사각틀에 유산지를 깐 다음 반죽을 담고
평평하게 한 뒤 견과류를 올려 장식하고

10

170°C로 예열된 오븐에서 30분간 구워
틀에서 분리해 식힘망에서 충분히 식혀주
세요.

 밍기의 베이킹 시크릿

브라우니 활용법
탑처럼 쌓아 생일 케이크 대신
사용하거나 비닐로 개별 포장
을 해서 선물해보세요.

그윽한 크림치즈의 풍미
뉴욕치즈케이크

 ★★☆

 50~60분

 160℃

재료(18cm 원형틀 1개분)

필링 부분

크림치즈	350g
설탕	130g
바닐라빈	1개
사워크림	200g
달걀	2개
달걀노른자	1개
레몬즙	1큰술
생크림	50g
옥수수전분	3큰술

바닥 부분

곡물쿠키	80g
버터	40g

살구잼 광택제

살구잼	100g
물엿	15g
물	15g

굿모닝~ 아침 햇살을 받은 창문이 반짝반짝 빛나고 있어요.
창문을 바라보고 있는 나의 뺨 또한 빛나지요. 기지개를 크게 펴고!
자~ 오늘은 아침 햇살을 닮은 치즈케이크 하나 구워볼까?

1

곡물쿠키를 곱게 부순 뒤 녹인 버터와 섞고

2

원형틀에 일정한 두께로 평평하게 펴준 뒤 냉장고에서 굳히세요.

3

실온에 놓아둔 크림치즈를 나무주걱으로 멍울 없이 으깨 부드럽게 풀어주고

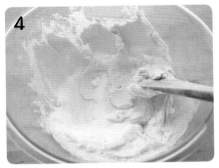

4

분량의 설탕을 넣고 덩어리지지 않게 부드럽게 섞어준 다음

5

바닐라빈 손질법은 121쪽을 참고하고 사워크림이 없을 때는 153쪽을 참고하세요.

사워크림, 바닐라빈을 순서대로 넣어 거품기로 부드럽게 섞어요.

6

미리 풀어놓은 달걀을 2~3회 나눠 넣으며 반죽과 매끄럽게 섞어주고

7

레몬즙, 실온에 놓아둔 생크림을 순서대로 넣고

8

옥수수전분이 없을 때는 박력분을 사용하세요.

옥수수전분은 체에 내려 넣어주세요.

9

필링을 틀에 조심스럽게 붓고

10 철판에 따뜻한 물을 붓고 160°C로 예열된 오븐에 넣어 50~60분간 구워 식힙니다.

한김 식으면 틀째로 냉장고에 넣어 차가워질 때까지 굳히세요.

11 케이크를 틀에서 분리시켜 살구잼, 물엿, 물을 끓인 후 체에 거른 살구잼 광택제를 케이크 표면에 바르고

살구잼 광택제는 살구잼 100g, 물엿 5g, 물 15g을 냄비에 넣고 끓인 후 체에 걸러 만들어요.

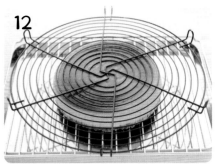

12 식힘망을 케이크 위에 올려 슈거파우더를 뿌려 장식해주세요.

밍기의 베이킹 시크릿

1 2 바삭하게 구운 타르트셸에 치즈필링을 구워보세요.
3 4 블루베리를 얹어 구워내면 새콤한 맛이 크림치즈와 잘 어울린답니다.

할로윈데이를 위한 멋진 이벤트

단호박치즈케이크

Trick or treat! 사탕과 함께 준비한 단호박치즈케이크.
단호박과 크림치즈가 절묘한 하모니를 이룬답니다.
할로윈데이에는 호박 모양 아이싱쿠키로 장식해보세요.

★★☆

 35~40분

 170℃

 재료(15cm 원형틀 1개분)

바닥 부분

곡물쿠키	60g
버터	30g

필링 부분

크림치즈	300g
단호박 페이스트	150g
생크림	100g
설탕	100g
달걀	2개
옥수수전분(콘스타치)	4작은술
계핏가루	약간

단호박 페이스트

단호박	1/2통
꿀	1큰술

1 단호박을 깨끗이 씻은 후 찜통에 찌거나 껍질을 벗긴 후 씨를 제거하고 주사위 크기로 잘라 전자레인지에 5~6분 익히고

2 포크나 기구로 꿀과 함께 곱게 으깨 단호박 페이스트를 만들어요.

> 곱게 체에 내려도 좋아요.

3 쿠키를 지퍼락에 넣어 밀대로 곱게 빻아 가루 상태로 만들어 녹인 버터와 골고루 섞고

4 틀에 담아 바닥에 평평하게 눌러주고 냉장고에서 잠시 굳혀요.

5 크림치즈를 덩어리가 없도록 주걱으로 부드럽게 풀어주고

6 설탕을 넣고 잘 섞어요.

7

실온에 둔 달걀을 풀어 2~3회 나눠 골고
루 섞고

8

만들어둔 단호박 페이스트를 넣고 재료들
과 잘 섞고

9

실온에 놓아둔 생크림을 넣습니다.

10

계핏가루는 취향에
따라 조절하세요.

옥수수전분과 계핏가루를 체에 내려 넣고

11

틀에 부어 중탕으로 170℃ 오븐에서
35~40분 구워

12

마시멜로 장식물
만들기는 247쪽을
참고하세요.

식힌 후 케이크 위에 데코레이션을 하면
단호박치즈케이크 완성.

밍키의 베이킹 시크릿

고구마 페이스트 만들기

고구마와 크림치즈도 잘 어울리
는 재료랍니다. 단호박 페이스트
를 고구마 페이스트로 대체해 고
구마치즈케이크도 만들어보세요.
재료 고구마 200g, 설탕 40g, 물엿
10g, 버터 30g, 우유 적당량

1. 고구마를 호일로 감싸
오븐에 구워요.

2. 껍질을 벗겨 으깬 다음
뜨거울 때 설탕, 물엿, 버
터를 섞어주세요.

우유로 농도를
조절하세요.

3. 우유를 넣으며 믹서기
에 곱게 갈아주면 고구마
페이스트 완성.

레어치즈케이크

오븐 없이 간단하게 즐기고 싶다면

홈베이킹도 이제 심플한 디자인뿐 아니라 점차 고급화, 다양화되고 있지요.
가끔 호텔이나 카페에서 판매하는 프티갸토 스타일에 도전하고 싶을 때
레어치즈케이크를 만들어보세요. 이제 나도 홈 파티셰~

★★☆

 No oven baking

 재료(지름 7cm 5개분)

필링 부분

크림치즈	150g
설탕	40g
바닐라빈	1/4개
판젤라틴	3g
플레인요구르트	50g
레몬즙	1큰술
생크림	150g

바닥 부분

곡물쿠키	40g
버터	20g

장식

식용꽃	약간

미리 준비해두세요
젤라틴을 찬물에 불려 준비하세요.

1

쿠키를 지퍼락에 넣어 밀대로 곱게 빻거나

2

푸드프로세서에 곱게 갈아

3

전자레인지나 중탕으로 녹인 버터와 골고루 섞고

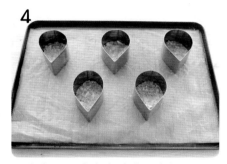

4

준비해둔 틀 바닥에 채워준 다음 꾹꾹 눌러 냉장고에서 굳혀주세요.

5

여름철엔 꼭 얼음물에 하세요.

판젤라틴은 찬물에 10분 이상 불린 후 물기를 꼭 짜서 준비해놓으세요.

6

크림치즈를 덩어리 없이 부드럽게 풀어주고

193

바닐라빈 대신 바닐라에센스로 대체해도 됩니다.

분량의 설탕과 바닐라빈을 넣고 골고루 섞은 다음

플레인요구르트를 넣고 섞어요.

전자레인지로도 가능해요.

반죽의 1/3을 덜어내 불려놓은 판젤라틴과 함께 중탕으로 녹이고

녹인 반죽을 거품기로 골고루 풀어주세요.

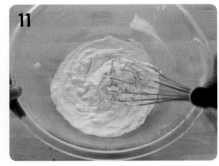

나머지 반죽에 풀어놓은 10번의 반죽을 부어 거품기로 골고루 섞어요.

생크림 휘핑하기는 20쪽을 참고하세요.

생크림을 약간 묽은 정도의 상태로 준비해두고

11번 반죽에 생크림을 붓고 주걱으로 거품이 꺼지지 않도록 살살 섞어주세요.

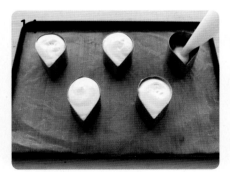

짤주머니에 완성된 반죽을 넣어 준비된 틀에 채우고

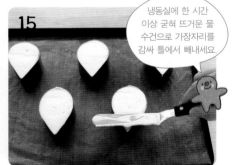

냉동실에 한 시간 이상 굳혀 뜨거운 물수건으로 가장자리를 감싸 틀에서 빼내세요.

표면을 매끈하게 다듬어 냉동실에 굳힌 다음 틀에서 빼내 붉은 과일이나 식용꽃으로 데코레이션하면 레어치즈케이크 완성.

원형레어치즈케이크

작은 케이크(프티갸토)가 아닌 원형으로도 만들 수 있어요.
오븐 없이도 맛있는 치즈케이크를 만들어보세요.

재료(15cm 1개분)
레어치즈케이크의 것과 같습니다.

1. 곡물쿠키와 녹인 버터 섞은 것을 원형틀에 붓고

2. 숟가락이나 기구를 이용해 평평하게 펼쳐주세요.

3. 반죽을 부어 냉동실에서 굳힌 다음 틀에서 빼낼 때는 뜨거운 물수건으로 틀 주변을 감싸면 쉽게 빠져요.

녹차레어치즈케이크

건강을 생각하는 현대인들에게 각광 받는 녹차! 녹차를 이용해 다양한 홈베이킹을 즐겨보세요. 녹차레어케이크는 은은한 녹차향과 색 그리고 달콤한 단팥과 밤맛을 즐길 수 있어요.

재료(15cm 1개분)
레어치즈케이크 레시피에 녹차가루 2작은술만 추가하면 됩니다.

1. 생크림에 녹차가루 2작은술을 풀어서 치즈 반죽과 섞으면 녹차레어치즈케이크 반죽이 되지요.

2. 녹차와 잘 어울리는 단팥과 밤을 준비하고

3. 2번의 재료를 바닥 부분에 깔고 1번의 녹차레어치즈케이크 반죽을 부으면 완성.

하나씩 꺼내 먹는 재미가 쏠쏠

치즈스틱케이크

동그란 모양의 치즈케이크도 예쁘지만 가끔은 스틱형으로도
굽고 싶을 때가 있어요. 하나씩 꺼내 먹는 재미도 쏠쏠하고
예쁘게 포장해서 선물하기에도 그만이지요.

 ★ ☆ ☆

 35~40분

 170℃

 재료 (15x15cm 1개분)

필링

크림치즈	150g
버터	30g
설탕	40g
달걀노른자	2개
생크림	4큰술
옥수수전분	4작은술
인스턴트 커피가루	2작은술
코코넛채A	1큰술

바닥 부분

곡물쿠키	60~70g
버터	30g
코코넛채B	2큰술

곱게 준비한 곡물쿠키와 코코넛채B, 녹인
버터를 골고루 섞고

살살 누르면 바닥
부분이 부숴지기
쉬우니 꾹꾹 평평하게
눌러주세요.

준비해둔 사각틀에 쿠키로 바닥을 채우고
꾹꾹 눌러주세요.

거품기보다
주걱으로 멍울을
풀어주는 게 좋아요.

크림치즈와 버터를 부드럽게 풀어

설탕을 2회에 나눠 넣으며 섞어주고

달걀노른자, 생크림, 옥수수전분의 순서
대로 넣어 매끄럽게 섞어요.

완성된 반죽 2/3를 2번의 눌러놓은 쿠키
바닥에 부어 가장자리까지 펴주고

완성된 반죽 1/3은 인스턴트 커피가루와
섞어 반죽 위에 자연스럽게 부어준 다음

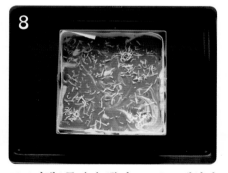

코코넛채A를 솔솔 뿌려 170°C로 예열된
오븐에 35~40분간 구워주세요.

오븐에서 꺼내 식힘망에서 충분히 식히고

치즈케이크는 따뜻할 때보다 식은 후에 먹으면 더 맛있어요

케이크의 가장자리를 정리한 다음

먹기 좋게 폭 1.5~2cm 스틱으로 잘라주면 치즈스틱케이크 완성.

 민기의 베이킹 시크릿

치즈스틱케이크 포장하기
완성된 치즈스틱케이크를 사탕처럼 유산지로 하나씩 개별 포장한 다음 박스에 담아 예쁜 리본을 묶어주세요.

 ★★☆

 30~40분

 170℃

 재료 (18cm 원형틀 1개분)

케이크 반죽

달걀노른자	3개
설탕A	50g
물	60g
식물성 오일	60g
박력분	70g
옥수수전분	10g
녹차가루	7g
베이킹파우더	3g

머랭

달걀흰자	3개
설탕B	65g

아이싱

생크림	300g
설탕	30g

비단결같이 부드러운 시폰

그린시폰케이크

주기적으로 수다를 떨어야 힘이 솟는 특이한 체질의
여자들. 모임에서 밀린 수다를 힘차게 떨 때 함께한
시폰케이크. 친구들이 물었어요. '이거 어디서 사 왔어?'
나도 모르는 사이 이미 힘이 들어가 있는 나의 어깨.

1

멍울을 풀어준 달걀노른자에 설탕A를 넣어 밝은 크림색이 될 때까지 휘핑하고

2

향이 강한 올리브유보다 포도씨유가 좋아요.

물을 부어 섞은 다음 식물성 오일을 넣어요.

3

다양한 시폰케이크를 만들고 싶을 때는 녹차가루 대신 코코아가루 10g or 커피가루 7g or 홍차가루 7g으로 대체하면 됩니다.

체에 내린 박력분, 베이킹파우더, 녹차가루를 넣고

4

거품기를 들어올렸을 때 걸쭉한 상태가 될 때까지 섞어요.

5

머랭 휘핑하기는 20쪽을 참고하세요.

달걀흰자 3개 분량에 설탕B를 넣고 끝이 약간 휘어지는 단단한 머랭을 만들고

6

4번 반죽에 5번에서 만든 머랭의 1/3을 넣고

7

거품기로 가볍게 섞은 다음

8

나머지 머랭을 넣고 나무주걱으로 거품이 꺼지지 않도록 조심스럽게 섞어주세요.

9

주걱을 들어올렸을 때 리본 모양으로 부드럽게 떨어지는 상태가 되면 반죽 완성.

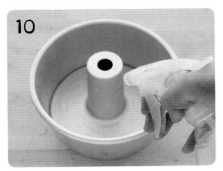

10

틀에 분무기를 이용해 물을 뿌리고

11

반죽을 부어 작업대에 두세 번 가볍게 내리쳐 공기를 뺀 다음 170°C 오븐에서 30~40분 구워주세요.

12

충분히 식히지 않고 틀에서 빼내면 주저앉을 수 있어요.

다 구운 시폰케이크는 오븐에서 꺼내 수 증기가 빠지도록 뒤집어 식히고

13

시폰은 탄력이 좋아서 스패출라보다는 손이 더 편해요

틀에서 빼낼 때는 손을 안으로 넣어 빼냅니다.

14

더 상세한 아이싱은 방법은 244쪽을 참고하세요.

아이싱은 윗면을 먼저, 옆면을 나중에 바르고

15

다시 윗면을 스패출라로 정리해주고

16

가운데 구멍 부분을 깔끔하게 정리한 다음

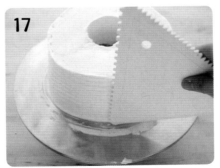

17

옆면에 무늬를 내주면 제과점 부럽지 않은 나만의 시폰 완성.

생크림을 바르지 않고 차와 곁들이면 담백한 간식이 되지요.

깃털처럼 가벼운 식감

바나나케이크

한낮의 햇살이 부드럽게 어깨 위에 머무르는
누구에게도 방해 받지 않는 소중한 오후 한때.
부드러운 바나나케이크와 따뜻한 차 한잔의 여유~

★ ☆ ☆

 40분

 160℃

 재료(15cm 구겔 틀 1개분)

케이크 반죽

달걀노른자	2개
설탕	40g
레몬에센스	약간
벌꿀	1큰술
박력분	40g
아몬드가루	50g
베이킹파우더	1g
바나나	80g

머랭

달걀흰자	2개
설탕	40g

장식

슈거파우더	적당량

틀 코팅용(분량 외)

버터	약간
강력분	약간

투명 비닐로 감싼 후 리본을 묶어 포장하면 케이크 박스를 준비하지 않아도 훌륭한 선물 포장이 됩니다.

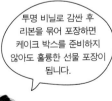

1

틀에 버터를 붓으로 얇게 바르고 냉장고에 2~3분간 넣어 굳힌 다음

2

강력분을 얇게 묻혀 남은 것을 탁탁 털어 두세요.

3

완숙 바나나를 이용해야 풍미가 좋아요.

바나나의 껍질을 벗겨 준비하고

4

바나나를 포크로 으깨주세요.

5

달걀노른자에 설탕과 벌꿀을 넣고 밝은 크림색이 될 때까지 충분히 휘핑하고

6

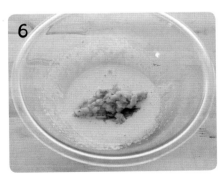

레몬에센스와 으깬 바나나를 넣고 거품기로 섞어줍니다.

7

머랭 휘핑하기는
20쪽을 참고하세요.

깨끗한 볼에 달걀흰자를 담고 설탕을
4~5번에 나눠 넣으며 머랭을 만들어요.

8

만들어놓은 머랭 1/3을 6번의 반죽에 넣
고 부드럽게 섞어요.

9

체에 내린 박력분, 아몬드가루, 베이킹파
우더를 주걱으로 살살 가볍게 섞은 다음

10

너무 세게 휘저으면
거품이 빠져나가 잘
부풀지 않아요.

나머지 머랭을 기포가 꺼지지 않도록 주
걱으로 가볍게 섞어 부드러운 상태로 만
들어요.

11

다른 케이크에 비해
수분이 많으므로 낮은
온도에서 굽고 취향에
따라 슈거파우더를
뿌려 장식하세요.

준비된 틀에 거품이 꺼지지 않도록 반죽
을 재빠르게 붓고 160℃ 오븐에서 40분
정도 구워줍니다.

편식쟁이 조카도 반한 맛

당근케이크

새로운 것을 발견할 때마다 탄성을 질러대는 다섯 살 조카.
'우와~ 이건 모야? 왜 그런데?'
끊임없는 질문에 쩔쩔 매는 나.
좋고 싫음이 분명한 편식쟁이 꼬마 신사가 극찬한 당근케이크.

 ★★☆

 40분

 170℃

 재료(15cm 구겔 틀 1개분)

케이크 반죽

버터	100g
설탕A	35g
달걀노른자	2개
플레인요구르트	30g
레몬즙	5g
당근	50g
박력분	110g
베이킹파우더	1작은술
피칸	50g
장식용 견과류	약간씩

아이싱

슈거파우더	100g
레몬즙	2큰술

머랭

달걀흰자	2개
설탕B	40g

틀 코팅용(분량 외)

버터	약간
강력분	약간

1

틀에 버터를 얇게 칠하고 강력분을 뿌려 탁탁 털어 준비해놓아요.

2

당근을 깨끗이 씻어 강판에 갈고

3

수분을 날려주는 느낌으로 기름 없이 살짝 볶아 차게 식혀주세요.

4

실온의 버터에 설탕A를 2~3번에 나눠 넣으며 밝은 크림색이 될 때까지 휘핑하고

5

달걀노른자를 1개씩 넣은 다음

6

플레인요구르트와 레몬즙을 넣고

7

수분을 날려준 당근을 넣어 골고루 섞어주세요.

8

머랭 휘핑하기는 20쪽을 참고하세요.

달걀흰자에 설탕B를 4~5번에 나눠 넣으며 각이 서는 머랭을 만들어요.

9

7번 반죽에 머랭의 1/3을 덜어내 거품기로 섞고

10 체에 내린 박력분과 베이킹파우더를 넣어 나무주걱으로 자르듯 가볍게 섞어요.

11 오븐에 구워놓은 피칸을 넣고

12 나머지 머랭을 거품이 꺼지지 않도록 조심스럽게 반죽과 어우러지도록 섞은 다음

13 준비된 틀에 반죽을 담아 170°C로 예열한 오븐에서 40분간 구워주세요.

14 케이크를 한김 식혀 아이싱과 피칸 등 견과류로 장식하면 당근케이크 완성.

아이싱을 바르고 독특한 모양의 너트류로 장식해 보세요.

🎂 **밍기의 베이킹 시크릿**

1 구겔호프 틀이 없으면 하트나 원형틀에 구워보세요.
2 여건이 된다면 마시멜로로 미니 당근 모형으로 장식해보세요. 마시멜로 장식 만들기는 247쪽을 참고하세요.

쥬템므갸토쇼콜라

쥬템므는 프랑스어로 '사랑해'라는 뜻이구요,
갸토쇼콜라는 '초콜릿케이크'란 뜻이랍니다.
밸런타인데이에 사랑하는 사람에게 사랑을 고백하며
선물하기에 좋은 아이템이에요. 특별한 날을 위한
초콜릿케이크가 준비됐으니 코맹맹이 소리만 연습하면 되겠군요.
'사랑해~'가 쑥스러우시다면 '쥬템므'라고 속삭여보는 건 어떨까요?

 ★★☆

 40분

 170℃

 재료 (15cm 하트 틀 1개분)

케이크 반죽

달걀노른자	약2개(45g)
설탕	45g
버터	50g
다크 초콜릿	60g
박력분	15g
코코아가루	35g
생크림	40g

머랭

달걀흰자	약3개(80g)
설탕	45g

1

주사위 모양으로 자른 버터와 버튼식 초콜릿이나 잘게 자른 초콜릿를 준비해

2

버터나 초콜릿은 온도에 민감해 타기 쉬우므로 중탕이나 전자레인지로 가열하세요.

볼에 초콜릿과 버터를 넣어 중탕으로 부드럽게 녹이세요.

3

달걀노른자에 설탕을 넣고

4

거품기를 들었을 때 반죽이 흐를 정도의 농도가 적당해요.

밝은 크림색이 될 때까지 충분히 거품을 낸 다음

5

2번에서 만들어놓은 초콜릿을 붓고 골고루 섞어요.

6

체에 내린 박력분과 코코아가루를 넣고

7

거품기로 골고루 섞다가

8

식물성 휘핑크림이 아닌 동물성 생크림을 사용하세요.

생크림을 붓고 부드럽게 섞으세요.

9

머랭 휘핑하기는 20쪽을 참고하세요.

다른 볼에 달걀흰자와 설탕으로 머랭을 만들어요.

10

8번의 반죽에 머랭의 1/3을 넣어 거품기로 매끄럽게 섞어주고

11

남은 머랭은 나무주걱으로 거품이 꺼지지 않도록 살살 섞어요.

12

유산지를 깐 틀에 반죽을 붓고 170°C로 예열된 오븐에 40분간 구운 다음

13

케이크를 틀에서 꺼내 한김 식힌 후 슈거파우더를 뿌려 장식하세요.

밍기의 베이킹 시크릿

틀 모양은 상관없어요
하트 틀이 없으시다면 원형틀에 구워내도 상관없답니다. 그리고 표면에 생기는 갈라짐은 자연스러운 것이니 크게 신경 쓰지 마세요.

 ★★☆

 12~15분

 180℃

모카롤케이크

귓가에 바람만 스쳐도 돌아보게 됩니다. 혹시 그 사람이 아닌가 하고…
커피 특유의 쌉싸래한 맛이 자칫 느끼해질 수 있는 크림치즈의 맛을
중화시켜주네요. 겉모습에서 풍기는 깊은 이미지가
가을을 꼭 닮은 케이크지요.

 재료 (24x30cm 철판 1개분)

케이크 반죽

박력분	70g
버터	50g
우유	80g
커피에센스	약간
달걀	1개
달걀노른자	4개

시럽

설탕	50g
물	100g
칼루아	적당량

크림

크림치즈	100g
연유	20g
생크림	200g

머랭

달걀흰자	4개
설탕	80g

장식

코코아가루	적당량

1

냄비에 주사위 크기로 자른 버터를 넣고
약불에 녹을 정도로만 가열하고

2

불에서 내려 체에 내린 박력분을 넣고
나무주걱으로 재빨리 섞어주세요.

3

수분을 증발시켜주는
느낌으로만 볶아주세요.

다시 불에 올려 1분가량 밀가루를 힘차게
볶다가 불에서 내려 데운 우유를 2~3회
에 나눠 넣고 부드럽게 섞어요.

4

다른 볼에 반죽을 옮겨 살짝 한김 식힌 다음

5

커피에센스가 없으면
인스턴트 커피가루를
사용해도 됩니다.

달걀을 풀어 5~6회에 나눠 조금씩 넣다
가 커피에센스를 넣어 힘차게 섞어 매끄
러운 반죽을 완성해요.

6

머랭 휘핑하기는
20쪽을 참고하세요.

휘핑해놓은 단단한 머랭 1/3을 완성해둔
5번의 반죽에 넣어 잘 섞고

7

나머지 머랭을 넣어 거품이 꺼지지 않도
록 볼을 돌리면서 골고루 섞어요.

8

너무 오래 구우면
시트가 딱딱해져
동그랗게 말 때
끊어져요.

준비된 철판에 평평하게 펴 180°C로 예
열된 오븐에서 12~15분간 구워주세요.

9

구워져 나온 시트를 식힘망에서 식힌 다
음, 설탕과 물을 끓여 한김 식힌 후 칼루아
를 넣은 시럽을 골고루 발라주세요.

10 식물성 휘핑크림이 아닌 동물성 생크림을 사용하셔야 해요.

휘핑한 생크림에 크림치즈와 연유을 섞은 반죽을 부어 크림을 완성하고

11 색이 진하게 난 부분이 위로 가게 놓고 완성해둔 크림을 평평히 발라 동그랗게 말아주세요.

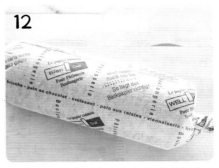

12 케이크를 냉장고에 넣어 단단해질 정도로 굳히면 모카롤케이크 완성.

밍기의 베이킹 시크릿

1 따뜻한 물에 담가놓은 칼로 깨끗하게 자릅니다.

2 칼루아는 커피 맛이 나는 멕시코산 술로 케이크의 맛과 향기를 좋게 합니다.

3 크림치즈 대신 '마스카포네' 치즈를 추천합니다. 이 치즈를 사용하면 케이크의 부드러움이 배가 되지요.

 ★★☆

 12〜15분

 180℃

 재료 (24x30cm 철판 1개분)

케이크 반죽

달걀흰자	3개
설탕	90g
달걀노른자	3개
박력분	50g
옥수수전분	20g
버터	15g
식물성 오일	10g

시럽

설탕	40g
물	100g
럼주	약간

요구르트크림

플레인요구르트	150g
벌꿀	30g
생크림	200g
복숭아	9쪽

장식

슈거파우더	적당량

상큼, 새콤, 시원

복숭아요구르트롤케이크

플레인요구르트와 복숭아가 어우러져 상큼하고 새콤한 맛이에요!
말로 표현할 수 없는 새콤한 무엇이 목을 시원하게 해주는데,
포크를 놓을 수 없을 만큼 입에 착착 감깁니다.

끝이 약간 뾰족해질 때 설탕을 조금 넣고 나머지는 3회로 나눠 넣으면서 거품을 내요.

20쪽을 참고하여 물기가 없는 볼에 달걀 흰자를 풀어 설탕을 4회 나눠 넣으면서 끝이 뾰족해질 때까지 머랭을 만들고

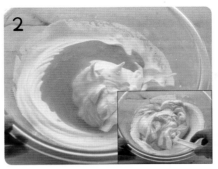

달걀노른자를 풀어넣고 주걱으로 조심스럽게 섞고

빨리 섞지 않으면 거품이 꺼져 시트가 얇게 나와요.

체에 내린 박력분, 옥수수전분을 넣고 볼을 돌리면서 골고루 섞은 다음 반죽 일부를 덜어내 중탕으로 녹인 버터와 식물성 오일을 골고루 섞고

평평하게 펴자마자 재빨리 오븐에 넣어야 해요.

본 반죽에 넣어 재빠르게 섞은 후 팬에 평평하게 펴서 180℃로 예열된 오븐에 넣어 12~15분간 구워줍니다.

식물성 휘핑크림이 아닌 동물성 생크림을 사용하세요.

거품을 올린 생크림에 꿀을 첨가한 플레인요구르트를 부어 준비해두고

설탕과 물을 끓여 럼주를 넣으면 시럽이 완성되지요.

시트를 식힘망에서 한김 식혀 시럽을 골고루 바르고 요구르트크림을 바른 다음 복숭아를 올려요.

돌돌 만 시트를 유산지로 감싸고 아래쪽 유산지를 잡아 당기면서 자를 이용해 단단히 말고

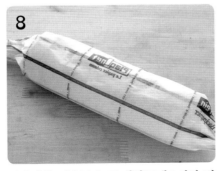

이음매를 밑으로 놓고 냉장고에 1시간 정도 넣어 크림을 굳히면 복숭아요구르트롤케이크 완성.

시럽을 만들 때 럼주 대신 오렌지 향이 나는 코앵트로르라는 리퀴어를 사용하면 더욱 향긋한 롤케이크가 완성됩니다.

배꼽

마들렌이라는 아가씨가 만든

마들렌

마들렌을 구웠을 때 모양이 볼록 나온 배꼽같이 생겨야
잘 구워진 것이에요. 배꼽이 없으면 짝퉁 마들렌이랍니다.

★ ☆ ☆

 170~180℃

 20분

 재료(5cm 마들렌 15개분)

반죽

박력분	100g
달걀	2개
슈거파우더	130g
레몬껍질	1개분
베이킹파우더	1작은술
녹인 버터	110g
레몬즙	1큰술

틀 코팅용(분량 외)

버터	약간
강력분	약간

1 마들렌 틀에 부드러운 버터(분량 외)를 붓으로 꼼꼼히 얇게 발라 냉장고에 잠시 두고

2 강력분(분량 외)을 솔솔 뿌린 다음

3 바닥에 탁탁 치면서 여분의 강력분을 털어 준비해두세요.

> 마들렌을 구울 때는 틀 준비를 꼼꼼히 해야 틀에서 잘 빠지고 색도 고루 잘 나와요.

4 레몬껍질은 소금으로 깨끗하게 씻어 조심스럽게 강판에 갈아두세요.

> 하나씩 작은 비닐에 넣어 예쁜 상자에 담아 선물해보세요.

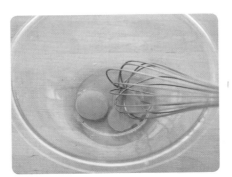

달걀을 거품기로 잘 풀다가

6 슈거파우더를 넣어 부드럽게 풀어주세요.

> 거품을 내는 게 아니라 재료가 잘 섞이는 정도로만 풀어주세요.

217

7

준비해놓은 레몬껍질을 넣고

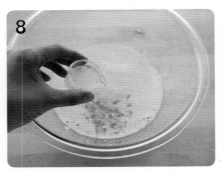

8

레몬즙을 순서에 따라 넣은 다음 밀가루와 베이킹파우더를 넣어주세요.

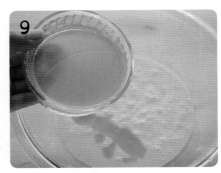

9

중탕이나 전자레인지에 녹인 버터를 넣고 매끄럽게 섞은 다음

10

거품기를 들어보았을 때 걸쭉한 상태가 되면 반죽 완성.

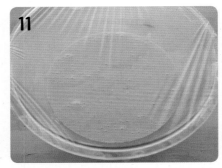

11

반죽 표면이 매끄러운 상태가 되면 랩을 씌워 냉장고에서 반나절 휴지시켜요.

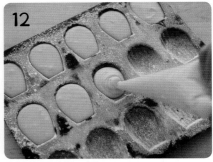

12

짤주머니에 반죽을 넣어 준비된 틀에 90% 정도 채우고 170~180℃ 오븐에서 20분 이내로 구운 다음 식힘망에서 식혀주세요.

마들렌 틀이 없으면 일반 머핀컵에 구워내도 좋아요. 틀에 구애 받지 말고 재미있게 베이킹하세요.

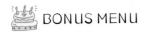

초코마들렌 만들기

재료
달걀 2개, 설탕 100g, 박력분 100g, 코코아가루 10g, 베이킹파우더 5g,
녹인 버터 100g, 초콜릿 적당량

1. 달걀과 설탕을 섞다가 박력분, 코코아가루, 베이킹파우더를 넣어 섞어주세요.

2. 녹인 버터를 넣고 매끄럽게 섞고

3. 반죽을 냉장고에서 휴지시켜 주세요.

4. 반죽을 짤주머니에 넣어 틀에 짜준 다음

5. 초콜릿을 올려 170~ 180℃ 오븐에서 20분 정도 구우면 초코마들렌 완성.

입에서 사르르 녹는
솜사탕다쿠아즈

늘 이러쿵저러쿵 옥신각신하지만 얼굴만 마주하면 깔깔깔~
우리의 즐거운 추억들은 언제까지나 잊지 못할 거야.
엊저녁부터 만들려고 준비해둔 너를 위한 솜사탕다쿠아즈.
달걀흰자가 많이 남았을 때 고민하지 말고 다쿠아즈를 구워보세요.

★★★

 13~15분

 180~190℃

 재료(5cm 16개분)

다쿠아즈
달걀흰자	100g
설탕	30g
아몬드가루	70g
슈거파우더	50g

버터크림
설탕	100g
물	30g
달걀노른자	40g
버터	200g
아몬드플라리네	35g

달걀흰자의 거품이 올라오면 설탕을 3~4회 나눠 넣으며

머랭 휘핑하기는 20쪽을 참고하세요.

단단한 머랭을 만들어요.

헤이즐넛 파우더를 대신 사용해도 됩니다.

아몬드가루와 슈거파우더를 체에 내려 넣고

다쿠아즈는 거품이 꺼지지 않게 섞는 과정이 중요해요.

재빨리 섞어준 다음

짤주머니에 반죽을 넣고 균일한 양을 짜주세요.

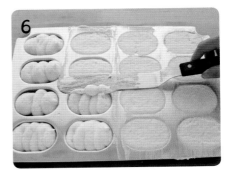

표면을 매끄럽게 다듬고

7

다쿠아즈 틀을 조심스럽게 떼냅니다.

8

너무 오래 구우면
딱딱해지니 주의하세요.

슈거파우더를 2회 정도 뿌려 180~190℃
오븐에서 13~15분 동안 구워주세요.

9

설탕과 물을 팔팔 끓여 설탕청을 만들고

10

밝은 크림색으로 휘핑한 달걀노른자를 계
속 휘핑하면서 설탕청을 조금씩 부어 달
걀을 살균시키고

11

계속 휘핑하다가 온도가 체온 정도로 식
으면 버터를 2~3회 나눠 넣으며 계속 휘
핑하세요.

12

어느 정도 볼륨이 생기면 아몬드플라리네
를 넣고 매끄럽게 섞고

13

한김 식힌 8번 다쿠아즈에 12번에서 완성
한 버터크림을 짜서

14

두 개를 겹치면 완성.

아몬드플라리네는
아몬드를 가공해서
만든 페이스트로
시판용 땅콩버터를
대신 사용해도 됩니다.

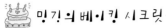 밍기의 베이킹 시크릿

1 2 다쿠아즈 틀이 없을 때는 팬에 동그랗게 짜주세요. 가운데 버터크림을 샌드해주면 동글동글 사랑스러운 다쿠아즈가 완성되지요.

3 하나씩 개별 포장하여 선물해보세요. 예쁘게 선물한 포장은 더욱 정성스러워 보이지요.

4 가볍게 선물할 때에는 긴 봉투에 담아 포장하는 센스도 발휘해보세요.

생크림 숲 속에 숨은 블랙 체리

포레노아

프랑스어로 검은 숲이라는 뜻의 케이크,
영어로는 블랙 포레스트라고도 한답니다.
화이트 초콜릿으로 만들면 화이트 포레스트가 되겠죠?
제과점에서 쉽게 볼 수 있는 케이크, 이젠 집에서 만들어보세요.

 ★★★

 30~40분

 170℃

 재료 (15cm 원형틀 1개분)

반죽

달걀	3개
설탕A	90g
박력분	50g
강력분	20g
옥수수전분	20g
코코아가루	10g
버터	15g
식물성 오일	15g

시럽

설탕	40g
물	100g
럼주	약간

생크림(샹티크림)

시판 생크림	300g
설탕B	30g
키리시	약간

장식

초콜릿	적당량
블랙 체리	17~20개

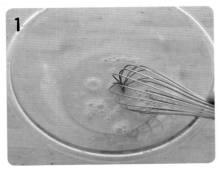

큰 볼을 준비해 달걀을 풀어주고

설탕A를 넣고 거품기로 섞은 다음

뜨겁게 끓인 물에 달걀의 온도가 40°C 정도 되도록 중탕하며 거품기로 계속 설탕을 녹여주세요.

고속으로 끈기 있게 휘핑해주다가 중속으로 마무리하세요.

볼에 손가락을 넣어 설탕이 다 녹고 따끈한 느낌이 들면 중탕 냄비에서 볼을 내려 핸드믹서로 풍성한 거품을 만들어요.

거품기로 들어올려 리본 모양을 그려봤을 때 모양이 유지되게 거품을 올리고

6시 방향에서 9시 방향으로 아래에서 위로 끌어올리듯 섞어요.

체에 내린 강력분, 박력분, 옥수수전분, 코코아가루를 넣고 볼을 돌려가며 나무주걱으로 아래에서 위로 끌어올리듯 골고루 섞으세요.

이 모든 작업은 재빨리 이뤄져야 합니다. 너무 휘저으면 거품이 꺼지므로 주의하면서 가능한 한 신속하게 반죽해야 합니다.

덩어리가 지지 않도록 재빨리 아래에서 위로 끌어올리듯 섞고 중탕한 버터에 반죽의 일부를 섞어 다시 본 반죽과 섞어주세요.

반죽을 틀에 담아 170°C 오븐에 30~40분 구워주세요.

실온에서 보관한 초콜릿을 칼로 긁어내거나 강판을 이용해 보기 좋게 깎아내고

사용하기 전까지 녹지 않게 잘 유지해주세요.

시트는 톱날이 있는 빵칼로 반듯하게 1cm 정도 두께로 3등분하세요.

생크림 휘핑하기는 21쪽을 참고하시고 여름철엔 꼭 얼음물을 받쳐야 해요

차게 냉장해놓은 생크림과 설탕B를 넣고 휘핑한 후

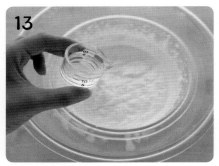

키리시(체리술)를 넣어 풍미를 더합니다.

물과 설탕을 끓여 식힌 후 럼주를 넣은 시럽을 시트에 촉촉하게 바르고

생크림을 일정한 두께로 바른 다음

블랙 체리 통조림은 재료상에서 쉽게 구할 수 있어요.

통조림에서 꺼내 물기를 빼 준비해 둔 블랙 체리를

가운데 부분에 올리고

226

18

생크림을 블랙 체리 위에 조금 더 올려요.

19

생크림으로 윗면을 돔처럼 발라주고

20

두 번째 시트를 올리고 가장자리를 조심
스럽게 눌러 돔 형태로 만들어준 다음

21

다시 시럽을 바르고 생크림, 블랙 체리 올
리는 것을 반복하며 전체적으로 돔 형태
가 되도록 손으로 눌러가며 모양을 잡아
주세요.

22

세 번째 시트를 올려 시럽과 생크림을 바
르고 준비해둔 초콜릿을 얹은 다음

23

별깍지를 끼운 짤주머니에 생크림을 넣고
모양을 짜 위에 블랙 체리를 올리면 완성.

밍기의 베이킹 시크릿

1 특별한 날 깨끗한 박스에 넣어 사랑하는 사람을 위해 선물해보세요.
아이들도 어른들도 모두 좋아하는 케이크랍니다

2 키리시는 체리 리큐어입니다. 양과자에선 리큐어 사용이 중요한데요.
케이크 맛을 한층 업그레이드해줍니다.

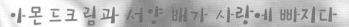

아몬드크림과 서양 배가 사랑에 빠지다

서양배타르트

프랑스 파리 부르달루 거리의 제과점에서 처음 만들어낸 타
아몬드크림과 서양 배가 어우러져 환상적인 맛을 내지요.
바삭한 타르트의 첫 맛을 기억하며 아몬드크림의 고소함,
서양 배의 시원함을 음미해보세요. 조금 감격한 듯
행복한 표정을 지으며 머리를 두 번 정도 가볍게 흔들며
'흐음~'.

 ★★☆

 30~40분

 160℃

 재료 (15cm 원형틀 1개분)

타르트 반죽

박력분	250g
버터	150g
슈거파우더	100g
달걀노른자	25g
우유	20g

아몬드크림

버터	50g
슈거파우더	50g
달걀	1개
아몬드가루	50g
럼주	1작은술
아몬드에센스	약간

장식

서양 배	3쪽
살구잼 광택제	약간
피스타치오 등 장식용 견과류	약간

1 거품기보다 주걱으로 작업하는 게 좋아요.

실온에 둔 버터를 볼에 넣고 나무주걱으로 부드럽게 저어준 다음

2

체에 내린 슈거파우더 넣고 부드러운 상태가 될 때까지 섞어요.

3 공기를 포집시키는 게 아니고 부드럽게 섞어주는 정도로만 하세요.

풀어놓은 달걀을 조금씩 넣어주고

4

아몬드가루를 넣어 부드러워질 때까지 섞고 럼주와 아몬드에센스를 넣어 아몬드크림을 완성합니다.

5 타르트틀 만들기는 18쪽을 참고하세요.

만들어놓은 타르트틀에 포크로 구멍을 미리 찍어주고

6

아몬드크림을 일정하게 짜 넣어요.

7

통조림에서 서양 배를 꺼내 물기를 빼고

8

아몬드크림 위에 바람개비 모양으로 올려 160℃ 오븐에서 30~40분간 구워줍니다.

9

구운 타르트를 한김 식히고 살구잼 광택제를 바른 후 피스타치오 등으로 장식하세요.

밍기의 베이킹 시크릿

1 바람개비 모양이 아니라 그냥 통째로 올려 구워도 좋고 타르트틀에 아
몬드크림만 올려 구워도 맛있는 아몬드크림타르트가 된답니다. 각자 취
향에 맞게 서양 배 대신 복숭아나 살구 통조림을 사용해도 좋아요.

2 아몬드크림을 만들 때 아몬드에센스 몇 방
울을 사용하시면 달걀 비린내도 제거해주
고 타르트의 풍미도 더해준답니다. 서양 배
와 아몬드에센스는 재료상에서 쉽게 구입
할 수 있어요.

포동포동 부들부들 부드럽고 풍성한 맛

슈크림

슈크림은 굽는 도중 궁금하다고 오븐의 문 열어보면 절대
안 된답니다. 오븐 안의 온도가 떨어져 슈가 부풀지 않지요.
완성된 슈는 냉장고에 잠시 두었다가 차갑게 먹어야
더 맛있으니 꼭 기억하세요.

★★★

 25~30분

 190℃

 재료(지름 4cm 20개분)

슈 반죽

물	70g
우유	70g
버터	60g
설탕	3g
소금	1g
박력분	90g
달걀	3개(170~200g)

충전물

커스터드크림	300g
생크림	200g

장식

슈거파우더	적당량

1

팬에 얇게 버터를 바르고

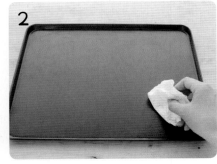

2

키친타월로 여분의 버터를 닦아 코팅해주세요.

3

냄비에 물, 우유, 잘게 썬 버터, 소금, 설탕을 넣고 약한 불에 끓이고

4

버터가 녹아 전체적으로 보글보글 끓으면 불에서 내리고 체에 내린 박력분을 넣은 다음

5

나무주걱으로 날가루가 보이지 않을 때까지 재빨리 섞고 다시 불에 올리세요.

6

반죽이 한 덩어리로 뭉쳐지고 냄비 바닥에 얇은 막이 생겨 냄비에 들러붙지 않는 상태까지 주걱으로 반죽하고

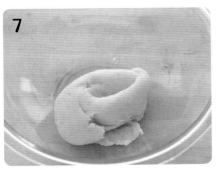

7

완성된 반죽을 불에서 내려 바로 다른 볼에 옮겨 살짝 한김 식혀주세요.

8

분량의 달걀을 거품기로 잘 풀어놓은 다음

9

반죽에 달걀을 조금씩 넣으며 섞고

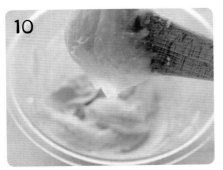

10

주걱을 들어올렸을 때 사진처럼 뚝 떨어지면 되직한 상태예요.

11

한 번에 달걀을 모두 넣으면 반죽을 망치게 됩니다. 조금씩 넣는 것 잊지 마세요.

반죽에 달걀을 조금씩 더 넣고

12

주걱을 들어봤을 때 브이 자가 그려지면 반죽 완성.

나무주걱으로 반죽을 들어올렸을 때 천천히 늘어지는 상태까지 달걀로 농도를 조절하세요.

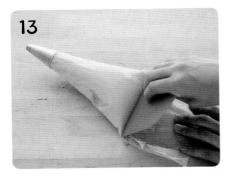

13

완성된 반죽을 지름 1cm 원형 깍지를 끼운 짤주머니에 넣고

14

자국을 내주면 균일한 크기로 짤 수 있어서 좋아요.

밀가루를 묻힌 동그란 틀로 팬 위에 찍어 자국을 내고

15

오븐팬에 적당한 간격을 두고 동그랗게 짜주세요.

16

붓으로 달걀물을 반죽 표면에 조심스럽게 바르고 달걀물을 묻힌 포크로 표면을 매끄럽게 다듬어주세요.

17

오븐에 찬 공기가 들어가면 슈가 부풀지 않으니 절대 문을 열지 마세요.

190℃ 오븐에 넣고 25~30분간 구워주세요.

18

커스터드크림 만들기는 23쪽을 참고하세요.

커스터드크림을 나무주걱으로 부드럽게 풀어주고

19

생크림 휘핑하기는 21쪽을 참고하세요.

단단하게 올린 생크림을 커스터드크림과 함께 거품기로 섞어 준비해놓아요.

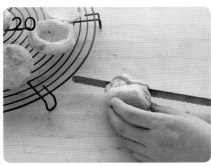

20

구워져 나온 슈를 식힘망에 식힌 후 윗부분을 빵칼로 자르고

21

젓가락으로 구멍을 뚫은 후 크림을 채워도 예쁘지요.

짤주머니로 생크림을 섞은 커스터드크림을 소담스럽게 짜주세요.

22

슈의 뚜껑 부분을 크림 위에 올리고 슈거파우더를 뿌리면 슈크림 완성.

슈를 먹기 좋게 작은 크기로 짜주면 아이들도 한입에 먹을 수 있는 귀여운 슈크림이 되지요.

슈 반죽으로 만든 에클레어

슈 반죽이 남았다면 '번개' 라는 의미의 '에클레어' 를 만들어보세요.

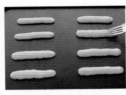

1. 길쭉하게 슈 반죽을 짠 다음 달걀물을 묻히고 포크를 이용해 표면을 정리해주세요.

2. 구워져 나온 에클레어의 반을 가르고 그 안에 커스터드크림을 넣고

3. 생크림으로 장식하면 나만의 에클레어 완성!

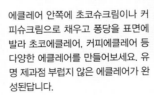

에클레어 안쪽에 초코슈크림이나 커피슈크림으로 채우고 퐁당을 표면에 발라 초코에클레어, 커피에클레어 등 다양한 에클레어를 만들어보세요. 유명 제과점 부럽지 않은 에클레어가 완성된답니다.

여유롭고 부드러운 엄마의 사랑

카스테라

너무 소박하고 소박했지만 세상에서 최고로 맛있는 것은
어릴 적 엄마가 만들어준 카스테라예요.
그 여유롭고 부드러운 맛에는 아직 닿을 수 없지만
보물과 같이 반짝이는 내 어린 시절의 그 맛을 추억하며…

 ★★☆

 20분

 160~170℃

 재료(카스테라 틀 7~8개분)

달걀	7개
달걀노른자	6개
설탕	220g
꿀	4큰술
중력분	200g
베이킹파우더	1/4작은술
식물성 오일	10g
우유	50g
바닐라에센스	약간
버터	약간

사각틀에
구워도 좋아요.

카스테라 틀에 유산지를 알맞게 끼워주
세요.

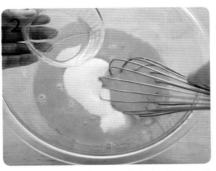

달걀 멍울을 풀어주고 설탕과 벌꿀을 넣
은 다음

냄비에 물을 끓여 볼 밑에 받치고 설탕이
녹을 때까지 거품기로 재빨리 저어주세요.

달걀이 익지 않도록
주의하세요.

설탕이 다 녹고 온도가 40°C 정도 되면

중탕 볼에서 내려 핸드믹서로 힘차게 거
품을 내요.

부피가 3배 정도 늘어나 밝은 크림색이
되고 리본을 그려봤을 때 유지되는 상태
가 되면

바닐라에센스
대신 청하를
사용해도 좋아요.

달걀 비린내를 없애기 위해 바닐라에센스
를 약간 넣어요.

체에 내린 중력분을 넣고 덩어리 없이 밑
에서 위로 끌어올리며 재빨리 섞고

따뜻하게 데운 우유와 식물성 오일을 넣
고 신속하게 섞어주세요.

10 윗면이 탈 것 같으면 호일을 이용합니다.

11

쑥가루 20g을 중력분과 섞어 향긋한 쑥카스테라도 만들어보세요.

틀에 담아 160~170°C로 예열된 오븐에 넣어 20분간 구워주세요.

버터를 표면에 발라 랩이나 비닐로 감싸 놓으면 카스테라가 건조해지는 것을 방지 해 다음날 촉촉한 카스테라를 드실 수 있 어요.

밍기의 베이킹 시크릿

초보자를 위한 카스테라 반죽법_별립법

카스테라를 만들기 위한 반죽법에는 두 가지가 있어요. 달걀흰자와 노른자를 분리해서 만드는 별립법과 분리하지 않고 만드는 공립법이 지요. 앞에서 소개한 방법은 공립법인데요, 초보자라면 별립법이 실패 확률이 훨씬 적으니 별립법으로 먼저 시작해보세요.

1 달걀은 흰자와 노른자를 분리해두고, 우유와 식물성 오일은 따뜻하게 중탕으로 데워두세요.

2 달걀노른자에 꿀, 설탕(70g)을 넣고 밝은 크림색이 될 때까지 휘핑하면서 설탕을 완전히 녹여주세요.

3 달걀흰자로 거품을 내다가 설탕(150g)을 4~5회에 나눠 넣으며 각이 서는 머랭을 만들어주세요.

4 2번에서 휘핑해놓은 달걀노른자 반죽에 3번에서 만들어놓은 머랭 1/3을 넣고 섞은 후 체친 가루류를 넣고 꺼지지 않도록 섞다가

5 1번에서 미리 데워놓은 우유와 식물성 오일에 반죽의 일부를 섞은 다음 남은 반죽에 모두 섞어주세요.

6 나머지 머랭을 모두 넣어 조심스럽게 섞어주세요(이때 너무 오래 섞으면 반죽의 공기가 빠져나가 부피가 작고 단단한 카스테라가 될 수 있어요).

*앞에서 소개한 방법과 재료의 분량은 모두 같고 2~6번 과정만 위의 별립법 과정으로 대체하면 됩니다.

Mingging's Special Lesson

스타일리시 케이크

그동안 궁금하셨죠? 밍깅의 데코레이션 케이크의 숨겨진 비법.

이번 코너에서는 밍깅이 데코레이션 케이크 만들기 전 과정을 꼼꼼하게 일러줄 거예요.

베이킹 마니아들을 위해 조금 수준 있는 데코레이션 테크닉도 소개한답니다.

블로그에서 감상만 하던 밍깅의 스타일리시 케이크에 꼭 한번 도전해보세요.

제누아즈 만들기

제누아즈는 이탈리아 제노바 지방에서 유래된 이름으로 케이크의 기본이 되는
버터 스펀지케이크를 말합니다. 코코아가루나 커피가루를 넣어서 초코제누아즈,
모카제누아즈 등 다양한 제누아즈를 만들어보세요.

재료 (15cm 원형 케이크 틀 1개분)
달걀 2개, 설탕 60g, 물엿 10g, 박력분 60g, 버터 20g

1

15cm원형 틀에 맞는 유산지를 준비하세요.

2

버터는 중탕이나 전자레인지로 녹여두
세요.

3

큰 볼을 준비해서 달걀을 풀어주고 설탕
과 물엿을 넣어주세요.

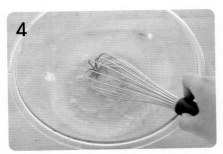

4

거품기로 달걀, 설탕, 물엿을 넣고 가볍게
풀어주고

5

뜨거운 물에 볼이
직접 닿지 않도록
주의하세요.

끓인 물을 준비하여 그 위에 볼을 올려놓
으세요.

6

이때 달걀의 온도가
40℃ 정도 되도록 중탕하는
것이 좋고 달걀이 익지
않도록 계속 저어주세요.

거품기로 계속 저으면서 설탕을 재빨리
녹여주세요.

7

설탕이 남아 있으면 바닥에 가라앉은 설탕 때문에 제누아즈 밑부분이 찐득거리게 되니 주의하세요.

볼 바닥까지 손가락을 넣어서 설탕이 다 녹았는지 확인해보세요.

8

설탕이 완전히 녹고 달걀이 따끈한 느낌 (40°C)이 들면 중탕 냄비에서 볼을 내려 핸드믹서로 풍성하게 거품을 올려주세요.

9

반죽 속의 큰 기포를 작고 균일하게 만들면 부드러운 케이크를 만들 수 있지요.

고속으로 끈기 있게 휘핑하다가 저속으로 마무리해주세요.

10

거품기를 들어올려 리본 모양을 그려봤을 때 흔적이 선명하고 기포가 살아 있는 상태면 완성.

11

미리 체에 내린 가루를 넣어주세요.

12

볼을 돌려가며 나무주걱으로 아래에서부터 위로 끌어올리듯이 털어주는 느낌으로 골고루 잘 섞어주세요.

주걱으로 덩어리지지 않도록 재빨리 섞어주세요.

13

중탕한 버터에 반죽의 일부를 매끄럽게 섞은 후 본반죽과 섞어 반죽을 완성해요.

14

완성한 반죽을 틀에 담고 180°C 오븐에 20~25분 구워주세요.

15

윗면이 볼록하게 올라오거나 갈라지거나 꺼지지 않도록 주의하세요.

완성된 제누아즈는 틀에서 바로 분리하여 식힘망에서 식혀주세요.

step 2

버터크림 만들기 재료 설탕 120g, 물 40g, 달걀흰자 3개, 버터 400g, 럼주 약간

1

분량의 버터를 부드럽게 저어 크림 상태로 실온에 두세요.

2

온도계가 있다면 117~120℃에 맞추시면 됩니다.

분량의 물에 설탕을 섞은 후 팔팔 끓여주세요.

3

달걀흰자를 핸드믹서로 거품을 내주세요

4

설탕을 한번에 부으면 달걀흰자가 익을수 있으니 조금씩 흘려 부어주세요.

어느 정도 거품이 생긴 머랭에 팔팔 끓인 설탕을 조금씩 흘려 부어주면서 핸드믹서로 계속 휘핑해주세요.

5

머랭의 온도를 체온 정도까지 식혀주고, 실온에 두었다가 부드럽게 풀어준 버터를 4~5회로 나눠어 넣으며 충분히 휘핑해요.

6

식용 색소나 천연 색소를 이용해서 다양한 색깔의 버터크림을 만들 수 있어요.

버터크림이 완성되면 럼주 등을 넣어 다양한 종류의 버터크림을 완성해요.

step 3

아이싱 하기 재료 제누아즈 1개, 시럽(물 50g, 설탕 25g, 럼주 약간)

충분히 식힌 제누아즈의 유산지를 떼어내고

케이크 윗면을 살짝 잘라내세요.

대나무 꼬치를 이용해 1~2cm의 균일한 두께를 체크해두고 톱질하는 느낌으로 조심스럽게 3등분으로 잘라주세요.

돌림판 위에 잘라 놓은 제누아즈를 놓고 시럽을 촉촉하게 발라주세요.

크림을 균일한 두께로 바른 뒤 다시 잘라놓은 제누아즈를 올리고 시럽을 바른 다음 크림을 바릅니다.

4~5번 과정을 한 번 더 반복한 후 스패츌라로 케이크 윗면에 크림을 발라주고

돌림판을 이용해서 옆면에도 매끄럽게 발라주세요.

살짝 위로 올라오게 발라야 나중에 윗면이 깔끔하게 정리된답니다.

크림이 약간 위로 올라오게 바른 다음

윗면을 정리하면 아이싱 끝.

케이크 장식하기 -장미꽃 장식-

장미꽃 짜기는
246쪽을 참고하세요.

제누아즈 만들기가 끝나면 마음에 드는 색으로 아이싱해놓고 장미꽃도 짜놓으세요.

케이크 위에 장미꽃을 올려주세요.

크림을 넣은 짤주머니에 잎 모양 깍지를 끼워 장미꽃 사이를 채워주는 느낌으로 짜줍니다.

이쑤시개로 부드러운 곡선을 그려주세요.

짤주머니에 둥근 모양 깍지를 끼워 이쑤시개로 표시해놓은 곡선을 따라가며 그리세요.

굵은 둥근 모양 깍지를 끼운 짤주머니로 라운드 팁으로 케이크 아랫단에 진주 모양으로 짜주면 장미꽃케이크 완성.

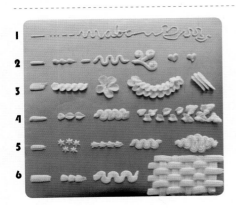

I. 깍지의 종류와 용도

1 구멍이 작은 둥근 모양 깍지 : 얇은 선을 그리거나 글자를 쓸 때.

2 둥근 모양 깍지 : 공 모양 물방울 모양 하트 모양 들을 짤 때.

3 꽃 모양 깍지 : 장미꽃이나 카네이션 등의 꽃잎이나 레이스를 짤 때.

4 잎 모양 깍지 : 줄기나 주변에 잎 짜기를 할 때.

5 별 모양 깍지 : 별 모양 조개 모양 등 줄이 있는 모양을 짤때, 케이크 데코레이션을 할 때.

6 납작무늬 깍지 : 케이크의 띠를 두르거나 물결무늬 격자 무늬 바구니짜기를 할 때.

II. 장미꽃 짜기

1 꽃 받침대 위에 지름이 큰 둥근 모양 깍지를 끼워 원뿔 모양을 만들어줍니다.

2 꽃깍지로 원뿔 모양의 윗부분을 감싸줍니다.

3 꽃잎을 오른쪽에서 왼쪽으로 반원을 그리며 짜줍니다.

4 같은 방법으로 꽃잎을 3장 완성합니다.

5 꽃잎 3장 밑부분에 나머지 꽃잎을 같은 방법으로 짜줍니다.

6 총 5장을 짜주면 활짝 핀 장미가 완성됩니다.

- -

III. 납작꽃 짜기

1 꽃 받침대 위에 유산지를 올리고 꽃깍지를 이용해 반원을 바깥쪽으로 그리며 꽃잎을 짜주세요.

2 두 번째 꽃잎은 첫 번째 꽃잎의 약간 뒷부분에 짜주세요.

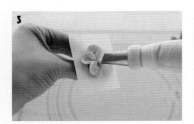

3 나머지 꽃잎들도 같은 방법으로, 약간 기울여서 짜주세요.

4 냉장고에서 잠깐 굳히세요.

납작꽃을 올려 풍성한 케이크를 완성해보세요.

IV. 마시멜로 장식물 만들기 **재료** 마시멜로 120g, 슈거파우더 230g, 물 1큰술

랩으로 잘 싸서 밀봉한 다음 냉장고에 두었다가 필요할 때마다 꺼내 쓰세요.

깨끗한 볼에 마시멜로를 담아 분량의 물을 넣고 전자레인지에 50초 정도 돌려주세요.

부드럽게 녹은 마시멜로에 슈거파우더 2/3넣고 주걱으로 잘 섞어주세요.

나머지 슈거파우더를 넣고 손으로 표면이 매끄러워질 때까지 볼 벽에 치대며 주물러주세요.

백련초가루 등 천연 색소가 좋아요.

밤톨 크기로 반죽을 떼내서 위아래로 반죽을 밀어 1~2mm 정도의 균일한 두께로 만들어 주세요.

모양 찍개나 쿠키 커터로 찍어주면 마시멜로 장식이 완성.

일부 반죽에는 다양한 색소를 섞어 1~2mm로 밀어준 다음 동그란 원형 주름 모양 찍개로 찍어 머핀 위에 올려주세요.

나만의 마시멜로 장식물을 만들어 보세요.

part 4

꼭 한번 만들고 싶었던
아키라표 브런치

느즈막히 일어난 주말 아침, 뭔가 간단하면서도 특별한 메뉴가 없을까요?

이럴 땐 번거롭지 않으면서도 근사한 아키라식 브런치를 준비해보세요.

이 파트에서는 아키라가 많은 여성들의 로망인 브런치 메뉴들을 소개할 거예요.

집에 있는 재료로 부담 없이 만들 수 있는 간편한 브런치 위주로 구성했는데,

한식을 고집하는 사람들을 위한 한국식 브런치도 준비했답니다.

가벼운 점심 도시락이나 아이들 간식으로도 손색이 없는 메뉴들이니

아이가 있는 엄마들도 꼭 한번 만들어 보세요.

평범한 것이 가장 맛있다
소시지바게트샌드위치

겉은 바삭바삭 속은 쫄깃쫄깃, 담백한 맛의 바게트는
모두가 좋아하는 빵 중 하나예요. 구운 소시지와 다진 양파,
다진 피클만을 넣어 만든 소시지바게트샌드위치는 가장
평범한 것이 가장 맛있다는 것을 새삼 깨닫게 해줄 거예요.

 ★☆☆

 15분

 200℃

 재료(1개분)

바게트	1/3개
프랑크소시지	1개
다진 양파	3큰술
다진 피클	2큰술
마요네즈	2큰술
레몬즙	1작은술
머스터드	약간
후춧가루	약간

1

바게트는 반을 갈라 마요네즈를 골고루 발라주고

2

컨벡션 기능을 이용하는 것이 좋아요.

200°C로 예열된 오븐에서 5분 정도 구워 줍니다.

3

다진 양파와 피클에 레몬즙을 넣어

4

구운 바게트 위에 3번의 양파와 피클을 골고루 펴주세요.

5

프랑크 소시지는 칼집을 내 200°C로 예열된 오븐에서 10분 정도 구워

6

4번의 바게트 위에 올리고 후춧가루와 머스터드를 골고루 뿌려주면 소시지바게트 샌드위치 완성.

 아키라의 맛있는 에스프레소 이야기

에스프레소란?

에스프레소는 이탈리아어로 '빠르다'는 뜻이에요. 에스프레소는 순간적으로 뜨거워진 수증기가 30초 정도의 짧은 시간에 커피가루를 통과하면서 커피를 추출하는 방식입니다. 이 과정에서 수증기의 압력이 커피가루를 압축시키면서 눌러 짜게 되므로 짧은 시간에 농도가 짙은 커피가 나오는 것이지요. 에스프레소 1잔은 7~10g 정도의 원두를 잘게 그라인딩하여 92°C의 물을 9기압 이상 압력으로 30초 안에 30ml 정도를 추출해요. 에스프레소는 강렬한 향과 맛을 내고 카페인 함량이 적은 것이 특징이지요. 어떤 원두를 블렌드(Blend)하느냐에 따라 에스프레소의 맛과 향도 천차만별이에요.

베이글 만드는 법은 30쪽에 있어요.

No.1 브런치 메뉴

연어베이글샌드위치

상큼하고 아삭한 야채와 쫄깃한 베이글에 훈제연어가
들어간 샌드위치. 가장 대표적인 브런치 메뉴지요.
늦잠을 잔 주말 아침에 간단하게 즐겨보세요.

★ ☆ ☆

 5~10분

 200℃

 재료(1개분)

메인 재료

베이글	1개
훈제연어	2조각
크림치즈	1큰술
양상추 · 겨자잎 · 치커리 등 야채	적당량
토마토 · 슬라이스 양파	적당량
케이퍼	약간

소스

다진 양파	1큰술
다진 피클	1큰술
다진 할라피뇨	1/2큰술
마요네즈	1큰술
머스터드	1큰술

미리 준비해두세요

1. 훈제연어는 해동시켜놓으세요.
2. 양파는 슬라이스해서 찬물에 담가놓으세요.

베이글은 딱딱해서 그냥 먹기 힘들어요. 꼭 전자레인지나 오븐에 데워주세요.

베이글을 반으로 잘라 200℃ 오븐에서 5~10분간 구워주고

따끈한 베이글에 크림치즈를 얇게 바른 다음

야채는 잘 씻어 물기를 털고 토마토는 1cm 정도로 썰어 씨를 제거해 올려요.

양파는 슬라이스해서 찬물에 30분 정도 담가 매운맛을 제거한 후 물기를 제거해 올리고

냉동된 훈제연어는 미리 냉장실로 옮겨 해동시킨 다음 케이퍼와 함께 올려요.

소스 재료를 모두 섞어 위에 뿌리면 완성.

구수함과 아삭함의 근사한 어울림
새싹참치샌드위치

새싹과 참치의 조화가 오묘한 새싹참치샌드위치.
특히 곡물이 듬뿍 들어간 곡물빵과의 조합은
구수하고 든든하답니다.

 ★☆☆

 7~10분

 240℃

식빵 만들기는
28쪽에 있어요.

 재료(1개분)

메인 재료

곡물빵	2조각
통조림 참치	3큰술
크림치즈	2큰술
양상추·겨자잎 등 야채	적당량
새싹채소	3큰술
마요네즈	1작은술
블랙 올리브	2개

소스

유자청	1큰술
허니머스터드	3큰술
레몬즙	1큰술
후춧가루	약간

곡물빵은 240°C 오븐에서 7~10분간 구 워 바삭하게 만들고

빵에 크림치즈를 얇게 발라요.

통조림 참치는 기름을 쫙 빼 마요네즈를 약간 섞고

블랙 올리브는 링 모양으로 썰고 야채와 새싹채소는 씻어 물기를 잘 털어 미리 만 들어놓은 참치와 함께 빵에 올려요.

소스 재료를 모두 섞어 4번 위에 뿌리고 남은 빵 한 조각을 위에 올리면 완성.

 아키라의 맛있는 이야기

남은 빵 조각이나 식빵 귀퉁이 활용법

1 남은 식빵 귀퉁이는 따로 모아두었다 200°C로 예열된 오븐에서 10분 정도 구워 바삭하게 만들어보세요. 맛있는 간식이 된답니다.

2 바삭하게 구운 식빵 귀퉁이는 믹서기나 커터기를 이용해 갈아 빵가루로 만들어두었다가 각종 요리에 이용하면 됩니다. 비닐에 밀봉하여 냉동 보 관하세요.

식빵컵 속의 감자샐러드~
미니플라워샌드위치

바삭한 식빵과 고소하고 부드러운 감자샐러드가 만난
샌드위치예요. 일반 샌드위치처럼 식빵과 식빵 사이에
감자샐러드를 넣어주셔도 좋아요.

 ★ ☆ ☆

 10분

 200℃

 재료(12개분)

식빵	8장
감자	2개
설탕	1작은술
마요네즈	2큰술
생크림	1~2큰술
녹인 버터	약간
장식용 칵테일 새우	8개
파슬리	약간

미리 준비해두세요
1. 감자는 껍질을 까서 삶거나 쪄
   놓아요.
2. 버터는 미리 녹여두세요.

식빵 만들기는
28쪽에 있어요.

1

식빵은 8 x 8cm 정도로 자르고

2

원형 쿠키 커터 등을 이용해 동그란 모양으로도 오려요.

3

1번의 식빵에 솔로 녹인 버터를 발라 머핀 틀에 넣어요.

4

미니 머핀 틀에도 녹인 버터를 바른 2번의 식빵을 넣고

5

200°C 오븐에 10분 동안 노릇하게 구워요.

6

다진 야채나 옥수수 등을 넣어도 좋습니다. 생크림 대신 우유도 좋아요.

익힌 감자는 으깨 마요네즈, 설탕, 생크림을 넣어 섞어주고

7

짤주머니에 별 모양 깍지를 끼우고 6번에서 섞어놓은 감자를 넣어 구운 식빵 위에 짠 다음

8

데친 칵테일 새우와 파슬리로 장식해요.

모양이 예뻐서 아이들이 참 좋아해요.

파삭파삭하고 고소한
햄크루아상샌드위치

크루아상은 페이스트리의 일종으로 여러 겹으로 이루어진
바삭한 느낌이 아주 독특하지요. 모양도 큰 것, 작은 것
여러 가지 다양하답니다. 쉽게 구할 수 있는 샌드위치용
햄을 넣어 맛있게 준비해보세요.

 ★ ☆ ☆

 10분

 200℃

 재료(1개분)

메인 재료

크루아상	1개
슬라이스 햄	4장
양상추·겨자잎 등 야채	적당량
슬라이스 양파	적당량
버터	1작은술
피클	적당량

소스

씨겨자	1작은술
허니머스터드	1작은술
메이플시럽	1작은술

미리 준비해두세요
양파는 슬라이스해서 찬물에 담
가두세요.

1

반으로 나눈 크루아상에 버터를 골고루
발라 200˚C 오븐에서 10분간 굽고

2

소스 재료는 모두 섞어 준비해요.

3

양파는 슬라이스해서
찬물에 30분 정도 담가
매운맛을 제거해줍니다.

크루아상 위에 야채와 양파를 올리고

4

슬라이스 햄과 피클을 올린 다음 소스를
뿌리고

5

남은 크루아상을 올리면 완성.

 아키라의 맛있는 에스프레소 이야기

크레마란?
에스프레소 커피를 추출했을 때, 에스프레소 위에 생기는 붉은 갈색의 단단하고 두터운 거품층을 크레마라고
해요. 크레마는 커피에 포함되어 있는 기름(오일)에서 압력이 가해진 물과 만나 생긴 크림과도 비슷한 부드러
운 거품이에요. 좋은 크레마는 곧 좋은 에스프레소이며, 잘 만들어진 에스프레소를 판단하는 중요한 역할을 하
지요. 커피의 신선도, 커피의 종류, 커피의 분쇄 정도, 추출시간 등 최적의 조건에서 좋은 크레마를 얻을 수 있
답니다.

고소한 견과류가 씹히는

떡갈비미니버거

호두나 아몬드 같은 견과류가 우리 몸에 좋은 건 아시죠?
불포화지방과 단백질이 많고 피부병이나 기억력 향상에도
도움이 되지요. 쇠고기 떡갈비에 견과류를 넣어 씹는 맛도
좋고 고소한 떡갈비미니버거는 아이들에게 최고 인기랍니다.

 ★ ☆ ☆

 15분

 220℃

 재료(5개분)

메인 재료
미니모닝빵 ························· 5개
양상추·겨자잎 등 야채 ·· 적당량
토마토 ························· 적당량
슬라이스 양파 ············· 적당량

소스
바비큐소스 ···················· 2큰술
스테이크소스 ················ 1큰술
토마토케첩 ···················· 1큰술

떡갈비
다진 쇠고기 ·················· 300g
다진 호두 ······················ 100g
다진 마늘 ······················ 2큰술
깨소금 ··························· 1큰술
설탕 ························· 1작은술
후춧가루 ························· 약간
간장 ····························· 1큰술
청주 ····························· 1큰술
참기름 ······················ 1작은술

모닝빵 만들기는
38쪽에 있어요.

1

다진 쇠고기와 떡갈비 양념을 모두 넣어 섞고

2

너무 잘게 다지지 않도록 주의해주세요.

칼로 잘게 다져 준비한 호두도 넣은 다음

3

손으로 끈기 있게 치대요.

4

떡갈비를 동그란 모양으로 만들어 식물성 오일을 얇게 바른 오븐팬에 올려 220℃ 오븐에서 15분간 구워요.

5

미니모닝빵은 반으로 자르고

6

야채는 씻어 물기를 잘 털고 빵 위에 올린 다음 구운 떡갈비를 올려요.

7

소스 재료는 잘 섞어주고

8

떡갈비 위에 토마토와 양파, 소스를 올리면 완성.

소풍 갈 때, 출출할 때 언제나 OK!

치킨트위스터

 ★ ☆ ☆

 15분

 220℃

 재료 (2개분)

메인 재료

토르티야	2장
닭가슴살	1조각
양상추 · 치커리 등 야채	적당량
파프리카 · 양배추	적당량
청주	1작은술
소금 · 후춧가루	적당량
케이준파우더	약간

소스

다진 피클	2큰술
다진 양파	2큰술
마요네즈	2큰술
머스터드	1큰술
케첩	1큰술

닭고기를 튀기지 않고 오븐에 구워 더욱 담백한 치킨트위스터!
브런치로도 좋고 여행을 가거나 도시락을 싸야 할 때 김밥 대신
준비해보세요.

1

케이준파우더는 매콤한 맛을 내는 가루지요. 없으면 생략해도 상관없어요.

닭가슴살은 잘 씻어 물기를 제거한 후 청주, 소금, 후춧가루, 케이준파우더를 넣어 재어두고

2

오븐팬에 닭가슴살을 올리고 220°C 오븐에서 15분간 구워요.

3

다 구워진 닭가슴살은 아주 담백한 맛이 특징이지요.

4

소스 재료는 모두 섞고

5

토르티야 위에 야채와 닭가슴살을 올리고

6

소스를 뿌린 다음

7

랩으로 돌돌 말아 마무리해요.

패밀리 레스토랑 부럽지 않은

몬테크리스토

패밀리 레스토랑에 가면 몬테크리스토라는 샌드위치가 있어요.
처음 먹었을 땐 느끼했는데 한참 지나고 나니 자꾸 그 맛이
생각나더라구요. 집에서 간단하게 만들어 보았는데
판매되는 것보다 훨씬 덜 느끼해서 좋았답니다.

 ★★☆

 15분

 220℃

 재료(4조각)

식빵	3장
닭가슴살	1조각
슬라이스 햄	3장
슬라이스 체다치즈	2장
피자치즈	150g
마요네즈	약간
소금·후춧가루	적당량
허니머스터드	1큰술
튀김가루	100g
찬물	150g
식물성 오일(튀김용)	적당량

1

닭가슴살은 반을 갈라 평평하게 한 다음 칼집을 내주고

2

소금, 후춧가루를 뿌리고 허니머스터드를 얇게 발라

3

컨벡션 기능을 이용하면 더 잘 익어요.

220℃로 예열된 오븐에서 15분간 구워요.

4

식빵은 가장자리를 잘라내고 마요네즈를 얇게 펴 바른 다음 슬라이스 햄과 체다치 즈를 올리고

5

식빵을 한 장 더 올리고 피자치즈를 약간 올려요.

6

구운 닭가슴살을 올리고 피자치즈를 좀 더 올린 후 남은 식빵을 얹어 샌드위치를 만들어요.

7

샌드위치를 삼각형 모양으로 반 자른 다음 튀김가루와 찬물을 섞은 반죽에 담가 튀김옷을 입히고

8

딸기잼이나 라즈베리잼과 함께 드시면 맛있어요.

190℃ 정도의 식물성 오일에 넣어 튀겨 요. 기름을 빼고 한 번 더 자르면 완성.

알감자허브구이 & 토스트

귀여운 알감자와 싱그러운 허브의 만남

알감자는 제가 좋아하는 음식 중 하나예요. 집에서 키우는
허브 중 이것저것 따서 간단하게 만들어보았어요.
함께 먹을 토스트에도 허브가루를 뿌려서 바삭하게
구워보세요! 향기로운 향기에 반할 거예요.

 ★☆☆

 10분

 200℃

 재료(1인분)

알감자허브구이

알감자	15알
꿀	1큰술
케이준파우더	1큰술
올리브유	1큰술
소금·후춧가루	약간
로즈메리	1큰술
기타 허브가루	1/2작은술

토스트

식빵	2장
버터	1큰술
설탕	1/2작은술
소금·후춧가루	약간
허브가루	약간

알감자허브구이

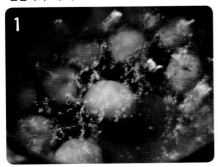

알감자는 깨끗하게 씻어 삶아 80% 정도
익히고

기타 허브가루는
취향에 따라 원하는
것을 넣으면 됩니다.

익힌 알감자와 나머지 모든 재료를 골고
루 잘 섞은 다음

200℃ 오븐에서 10분간 구우면 완성.

토스트

가장자리를 잘라낸 식빵을 반으로 자르고

버터, 설탕, 소금, 후춧가루를 뿌린 다음
180℃ 오븐에서 10분간 구워요.

노릇노릇 토스트 완성.

아키라의 맛있는 에스프레소 이야기

한 여름~ 가장 많이 생각나는 아이스아메리카노
재료 찬물 적당량, 얼음 적당량, 에스프레소 1숏

1 에스프레소 머신을 이용해 에스프레소를 1숏 뽑아주세요.

2 컵에 찬물과 얼음을 가득 담고 에스프레소를 넣어요.

3 스푼으로 잘 저어주면 아이스아메리카노 탄생.

4 취향에 따라 설탕이나 시럽을 넣어드세요.

얼음물 대신 뜨거운 물을
넣으면 아메리카노가
된답니다.

오븐에 구워 더욱 색다른 맛

주먹밥

 ★★☆

 10분

 200℃

 재료(5~6개분)

밥 양념

밥	2공기
깨	2큰술
참기름	2큰술
식초	1큰술
간장	1큰술

양념장(겉에 발라주는 양념)

간장	3큰술
설탕	1/3작은술
참기름	1작은술

김치베이컨볶음

김치	100g
베이컨	100g
깨소금	약간
후춧가루	약간
식물성 오일	약간

주먹밥은 간단하면서도 맛있는 음식 중 하나예요.
좋아하는 재료를 준비해서 주먹밥을 만들어보세요.
오븐에 구워 꼬들꼬들, 짭쪼름한 나만의 주먹밥이 탄생할 거예요.

1

밥 양념 재료를 모두 넣어 섞고

2

프라이팬에 약간의 식물성 오일를 두르고 김치와 베이컨을 볶아요.

3

그냥 손으로 모양을 잡아 동글동글한 주먹밥 모양을 만들어도 좋아요.

삼각김밥틀을 이용해 밥과 김치베이컨볶음을 넣어 모양을 만들고

4

오븐팬 위에 식물성 오일을 살짝 두른 다음 주먹밥을 올려요.

5

양념장 재료를 모두 섞어 준비하고

6

솔을 이용해 주먹밥 위에 양념장을 골고루 바른 다음

7

다양한 속재료를 준비해 주먹밥을 만들어보세요.

200℃ 오븐에서 10분간 구워 노릇노릇해지면 완성.

피부에 좋은 콜라겐이 가득!

허니레몬치킨

닭날개에는 콜라겐 성분이 많아 피부를 탱글탱글하게
만들어준답니다. 오븐에 구워 기름기도 적고 상큼달콤한
허니레몬치킨!

 ★☆☆

 25분

 220℃

 재료(15~20개분)

닭날개	15~20개
레몬	1개
청주(or 화이트 와인)	5큰술
꿀	2큰술
소금	1큰술
생강가루	1작은술
후춧가루	1작은술

위에 랩을 씌워 30분 정도 냉장고 안에 넣어두세요.

1 닭날개는 잘 씻어 물기를 제거하고 청주나 화이트와인을 뿌려 잠시 재어두고 레몬은 반은 즙을 내고 반은 슬라이스해둡니다.

2 재어둔 닭날개에 칼집을 내 꿀, 생강가루, 후춧가루, 소금, 레몬즙을 넣고 다시 재어 놓으세요.

3 오븐팬에 닭날개와 슬라이스한 레몬을 올리고

4 220℃로 예열된 오븐에서 25분 정도 노릇노릇 바삭하게 구워주세요.

 아키라의 맛있는 에스프레소 이야기

입가에 하얀 우유 거품, 부드러운 카푸치노

재료 에스프레소 1숏, 차가운 우유 120ml로 만든 스팀 밀크

1 에스프레소를 1숏 뽑아 컵에 담아주세요.

2 차가운 우유를 스팀을 이용해 거품을 내요.

3 에스프레소에 스팀 밀크(거품낸 우유)를 부어요.

4 마지막으로 취향에 따라 계핏가루를 뿌려주세요.

웨지감자

오븐으로 만든 최고의 간식

웨지감자는 집에서 간단하게 만들어 먹을 수 있는
우리 가족들이 가장 좋아하는 간식이에요.
통후추를 즉석에서 갈아 넣으면 더 맛이 좋고 케첩이나
머스터드를 곁들여 드셔도 좋아요.

 ★ ☆ ☆

 15분

 200℃

 재료(1인분)

감자	2개
녹인 버터	2큰술
올리브유	2큰술
파르마산 치즈가루	1큰술
파슬리가루	1작은술
허브솔트(소금)	1작은술
후춧가루	약간

감자는 웨지(쐐기) 모양으로 썰고

찬물에 담가 전분기를 뺀 다음

감자가 잠길 정도의 물에 소금 1작은술을 넣고 삶아 80% 정도 익혀요.

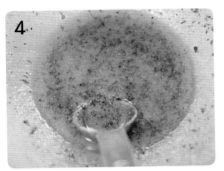

나머지 재료들을 모두 섞어 준비하고

삶은 감자를 넣어 가볍게 섞어주고

오븐팬 위에 종이 호일을 깔고 감자를 올려요.

컨벡션 기능을 이용하면 더욱 좋아요.

200°C 오븐에서 15분간 구워

노릇노릇해지면 꺼내주세요.

미니피자

도우가 더 환상적

미니피자는 혼자 혹은 둘이서 간단하게 끼니를 해결하고 싶을 때
부담 없이 만들 수 있는 메뉴예요. 신선하고 몸에 좋은 재료들만
쏙쏙 골라 내 입맛에 맞게 만들 수 있지요. 사이즈가 작아서
아이들이 먹기에도 편하답니다.

 ★☆☆

 15～20분

 180℃

 재료(미니피자 4개분)

피자 도우

강력분	250g
인스턴트 드라이이스트	5g
소금	5g
설탕	10g
물	150g
올리브유	2큰술

토핑 및 기타

방울 토마토, 베이컨, 파프리카 등 원하는 토핑 재료	적당량
피자치즈	400g
토마토스파게티소스	100g

1

토핑으로 원하는
재료를 준비해요.

피자 토핑 재료를 준비하고

2

반죽하기와 1차 발효는
16쪽을 참고하세요.

반죽은 1차 발효가 끝나면 가스를 빼서
둥글리기 해주세요.

3

둥글리기 한 반죽을 오븐팬에 올려 원형
이 되도록 넓고 얇게 펴고 포크를 이용해
바닥에 콕콕 찍어주고

4

도우 가장자리에 올리브유를 약간 바르고
가운데 부분에 토마토소스를 얇게 펴 바
른 다음

5

다양한 토핑 재료와 치즈를 올려요.

6

원하는 토핑 재료가
있으면 얼마든지 더
올려도 좋아요.

180℃ 오븐에서 15~20분간 구워주면 완성.

 아키라의 맛있는 에스프레소 이야기

아이스크림과 에스프레소의 만남, 캐러멜아포카토
아포카토는 이탈리아의 대표적인 디저트라고 하네요. 이탈리아 아이스크림인
젤라토에 에스프레소를 넣어 먹는 정말 색다른 디저트예요.
재료 바닐라 아이스크림 3스쿱, 에스프레소 1숏, 캐러멜소스 적당량

1 바닐라 아이스크림을 그릇에 담아주세요.
2 에스프레소 1숏을 뽑아 위에 뿌리고, 캐러멜 소스를 적당량 뿌려줍니다.
3 취향에 따라 초콜릿, 아몬드 등을 함께 장식하시면 완성.

불고기가 빵 속에 쏙

불고기베이크

불고깃감이 많이 남았거나 평범한 불고기가
지겨워졌다면 불고기베이크를 한번 만들어보세요.
빵 속에 숨어 있는 불고기 맛이 입에 착착 감긴답니다.

 ★★☆

 15~20분

 180℃

 재료(2개분)

빵 반죽

강력분	200g
박력분	50g
설탕	10g
소금	5g
인스턴트 드라이이스트	4g
우유	120g
달걀흰자	1개분
버터	10g

양념장

쇠고기 불고깃감	300g
진간장	3큰술
꿀	1큰술
청주	1큰술
참기름	1작은술
깨소금	1작은술
다진 마늘	1작은술
소금·후춧가루	약간씩

기타

피자치즈	200g

미리 준비해두세요
불고기 양념장에 쇠고기를 미리
재어두세요.

1

쇠고기 불고깃감은 키친타월에 올려 핏물을 살짝 뺀 다음 불고기 양념장에 골고루 섞어

2

국물이 없어질 때까지 굽는 것이 포인트.

손으로 조물조물한 다음 랩을 씌우고 냉장고에서 30분~1시간 정도 재어두었다가 팬에 기름을 약간 두르고 고기를 굽고

3

반죽하기와 1차 발효는 16쪽을 참고하세요.

빵 반죽은 1차 발효가 끝나면 가스 빼서 둥글리기 해주고 2등분해 10분간 중간 발효를 시켜요.

4

중간 발효가 끝난 반죽은 밀대로 납작하게 밀어 가운데 부분에 불고기를 적당량 올리고 피자치즈를 약간 올린 다음

5

길쭉하게 모양을 만들어 오븐팬에 올려요.

6

윗부분에 물을 살짝 바르고 피자피즈를 올려 180℃ 오븐에서 15~20분간 구우면 완성.

 아키라의 맛있는 에스프레소 이야기

때로는 흑맥주 같고 때로는 콜라 같은, 아이스소다커피

재료 에스프레소 1숏, 탄산수 130ml , 얼음

1 잔에 얼음을 채워주세요.

2 추출한 에스프레소를 넣어요.

3 페리에와 같은 탄산수를 준비해서 잔에 따라주면

4 완성

캬~ 맛있다.

단호박찹쌀케이크

쫄깃쫄깃~ 오븐으로 만든 떡

오븐으로 떡도 만들 수 있다는 것 아시나요?
밀가루 대신 찹쌀가루로 쫀득하고 맛있는 떡을 만들어보세요.
달콤한 단호박을 으깨어 퓨레로 만들고 팥과 완두까지 넣어
구우면 어른들이 이런 것도 있냐며 아주 좋아하시더라구요.
잘라서 하나씩 포장해 선물하기에도 좋을 것 같네요.

 ★☆☆

 35~40분

 180℃

 재료
(20cm 정사각틀 1개분)

찹쌀가루	420g
달걀	2개
설탕	40g
베이킹파우더	1작은술
우유	50g
생크림	50g
꿀	20g
단호박퓨레	150g
팥배기	50g
완두배기	50g

미리 준비해두세요
1. 단호박 1개를 익힌 후 으깨 우유
   3~4큰술을 섞어 단호박퓨레를 만
   들어두세요.
2. 사각 팬에 유산지를 깔아두세요.

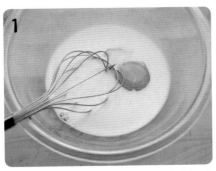

1

볼에 우유와 생크림, 달걀, 꿀, 설탕을 넣어 섞고

2

가볍게 거품기로 저어 골고루 섞어요.

3

찹쌀가루와 베이킹파우더를 체에 내려 넣고

4

주걱으로 잘 섞어준 다음 팥배기와 완두배기를 넣어요.

5

단호박은 익힌 다음 껍질을 벗기고 씨를 뺀 후 우유와 함께 으깨어 단호박퓨레를 만들고

6

반죽에 단호박퓨레를 넣어 섞는다.

유산지를 깐 사각 틀에 반죽을 담고

8

처음에는 호일을 덮고 굽다가 25~30분이 지나면 호일을 떼내고 계속 구워요.

180˚C 오븐에서 35~40분 정도 구워 겉부분이 노릇노릇하게 구워지면 완성.

고소하고 색다른 파·이~
브로콜리키쉬

 ★★★

 35~40분

 180℃

 재료
(21cm 파이 틀 1개분)

파이 반죽

중력분	180g
버터	120g
소금	1/2작은술
달걀노른자	1개
우유	30g

충전물

우유	125g
생크림	125g
달걀	2개
소금	5g
후춧가루	5g

토핑 재료

브로콜리	1/2개
슬라이스 햄	3장
슬라이스 체다치즈	2장
피자치즈	200g

키쉬는 생크림과 우유의 충전물을 넣어 만드는 일종의
파이랍니다. 브로콜리와 각종 재료들을 넣어 모양이 피자와
비슷하지만 맛은 피자와는 또 다른 느낌이에요.
어떤 재료를 넣느냐에 따라 다양한 키쉬를 만들 수 있지요.

1

슬라이스 체다치즈와 슬라이스 햄은 적당한 크기로 썰고 브로콜리는 작게 잘라 데쳐주세요.

2

볼에 달걀과 소금, 후춧가루를 넣어 함께 섞고

3

우유와 생크림을 넣어 거품기로 잘 저어요.

4

파이 반죽은 18쪽 타르트 반죽을 참고하세요.

파이 반죽은 파이 틀에 넣어 모양을 잡고 밑바닥은 포크로 찔러 구멍을 낸 후

5

브로콜리와 햄, 체다치즈, 피자치즈를 넣고

6

80% 정도 잠기도록 부어요.

충전물을 부은 다음 위에 피자치즈를 조금 더 넣어

7

색이 너무 나면 호일을 덮어주세요.

180°C로 예열된 오븐에서 35~40분간 구워요.

카페보다 맛있는 홈메이드 와플

벨기에와플

와플, 팬케이크, 크레페는 요즘 카페에서 흔히 볼 수 있는
메뉴지요. 와플도 종류가 여러 가지인데 벨기에와플은
이스트를 써서 부풀리는 바삭하면서도 빵 느낌인 와플이에요.
좋아하는 과일과 생크림, 아이스크림을 곁들여 커피 한잔과
함께 즐겨보세요.

 ★☆☆

 No oven baking

 재료(8개분)

강력분	120g
박력분	80g
인스턴트 드라이이스트	4g
설탕	30g
소금	3g
버터	60g
달걀	1개
꿀	15g
우유	50g

1

2

3

반죽과 1차 발효는 16쪽을 참고하세요.

반죽은 1차 발효 후 가스 빼서 둥글리기 해주고

8등분으로 나눈 다음

8등분한 반죽은 다시 둥글리기 해 20분 정도 중간 발효시켜주세요.

4

5

와플 틀에 반죽을 올리고

불 위에서 앞뒤로 노릇하게 구우면 완성.

벨기에 와플은 과일이나 생크림, 아이스크림을 곁들여 먹으면 좋아요.

 아키라의 맛있는 에스프레소 이야기

진한 에스프레소와 달콤한 생크림의 만남, 카페콘판나

재료 에스프레소 1숏, 휘핑크림 적당량, 설탕 1스푼

1 잔에 설탕을 1스푼 넣어주세요.

2 추출한 에스프레소를 잔에 담아요.

3 휘핑한 휘핑크림을 위에 얹어요.

취향에 따라 계핏가루나 코코아가루를 뿌리면 더 맛있어요.

연 노란 빛 이 사랑 스러운
딸기크레페

우리의 밀전병처럼 얇게 부친 크레페는 주로
아이스크림이나 다양한 과일, 생크림을 넣어 먹지요.
제철에 나는 과일을 이용해 다양한 크레페를 만들어보세요!

 ★★☆

 No oven baking

 재료(크레페 8~9장분)

크레페 반죽

중력분	80g
설탕A	15g
소금	2g
우유	150g
달걀	2개
녹인 버터	30g

크레페용 생크림 및 기타

생크림	200g
설탕B	20g
바닐라에센스	1~2방울
딸기	적당량
식물성 오일	약간

1

볼에 달걀과 설탕A, 소금을 넣어 잘 저어 주고

2

우유를 부어 잘 섞어요.

3

밀가루를 체에 내려 넣고

4

녹인 버터를 넣어 잘 섞어요.

5

반죽을 체에 한 번 거르고

6

반죽이 마르지 않게 랩을 씌워 30분~1시간 정도 냉장고에 넣어두세요.

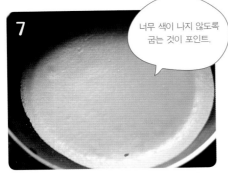

7

너무 색이 나지 않도록 굽는 것이 포인트.

달군 프라이팬에 식물성 오일을 살짝 두르고 키친타월로 기름기를 닦아낸 후 반죽을 한 국자 정도 올려 얇게 펼쳐 약불에서 익혀요.

8

차가운 생크림에 설탕B와 바닐라에센스를 넣어 휘핑해서 크레페용 생크림을 만들어 함께 곁들여요.

딸기나 각종 과일과 함께 먹으면 더 맛있답니다.

블루베리가 들어가 더욱 특별해진

블루베리팬케이크

 ★ ☆ ☆

 No oven baking

영화나 만화 속에 등장하는 메이플시럽에 버터를 올려 먹던
팬케이크가 저에게는 로망이었지요. 막상 만들어보니 생각보다
훨씬 간단하네요. 톡톡 터지는 블루베리가 더욱 특별한 맛을 내지요.

 재료(3~4장분)

박력분	150g
설탕	2큰술
소금	1/2작은술
베이킹파우더	1작은술
달걀	1개
우유	200g
녹인 버터	2큰술
블루베리	50g
식물성 오일(부침용)	적당량

버터는 녹인 후에
꼭 식혀서 달걀에
넣어주세요.

볼에 달걀을 풀고 우유와 녹인 버터를 넣
어 골고루 섞고

박력분, 베이킹파우더, 설탕, 소금을 체에
내려 넣은 다음

반죽을 잘 섞어요.

반죽에 블루베리를 넣어

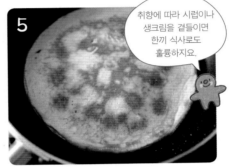

취향에 따라 시럽이나
생크림을 곁들이면
한끼 식사로도
훌륭하지요.

달군 프라이팬에 식물성 오일을 두르고
키친타월로 살짝 닦아낸 뒤 반죽을 부어
약불에서 앞뒤로 골고루 구우면 완성.

아키라의 맛있는 에스프레소 이야기

원두의 신선함을 유지하려면?

맛있는 커피를 만들기 위해 중요한 것은 바로 원두의 신선함. 생두는 수확 후 3년, 원두는
로스팅 후 1~3개월, 개봉 후 7~14일, 분쇄 후 18분, 추출 후 3분 이내에 먹는 것이 좋아요.

1 햇볕이 쬐는 곳에 두지 말 것.　　**2** 습한 곳에 두지 말 것.

3 다른 냄새를 흡수하는 성격이 있으니 향이 강한 곳에 두지 말 것.

4 산소와 결합해 산패하므로 꼭 밀폐 보관할 것.

5 오래 보관하지 말 것.　　**6** 냉장, 냉동 보관하지 말고 서늘한 곳에 보관할 것.

알록달록 아름다운
내추럴상투과자

요즘 천연 파우더가 아주 다양해요. 인공 색소가 아닌
자연의 파우더를 이용해 상투과자를 만들어보세요.
밤과자라는 또 다른 이름으로도 불리는 상투과자는 모양도
예쁘고 색깔도 고와 남녀노소 누구나 좋아해요.

 ★☆☆

 15분

 180℃

 재료
(35~40개분)

흰 앙금	250g
아몬드가루	25g
천연 가루	5g
달걀노른자	1개
꿀	1큰술
우유	1큰술

1

단호박가루, 녹차가루, 백련초가루, 쑥가루 등 천연 가루를 준비해요.

2

볼에 흰 앙금, 달걀노른자, 꿀, 우유를 담아 잘 섞고

3

아몬드가루와 천연 파우더는 체에 내려 넣고

4

주걱으로 잘 섞어요.

5

짤주머니에 반죽을 넣어 상투과자용 깍지나 별깍지를 끼운 다음

오븐팬에 유산지를 깔고 예쁜 모양으로 짠 후

7

180℃로 예열된 오븐에서 15분간 노릇하게 구워요.

녹차가루를 넣어 녹색의 상투과자도 만들 수 있어요.

part 5

특별한 날을 더 특별하게 하는
아키라표 초콜릿

남자들은 핸드메이드 선물에 특히 감동한다고 해요. 발렌타인데이와 같은 특별한 날,

남편이나 남자친구를 위해 수제 초콜릿을 준비한다면 그 어떤 선물보다

강력한 힘을 발휘할 거예요. 시중에 판매되는 것보다 훨씬 특색 있게 만들 수 있고

맛도 뛰어나답니다. 그럼 이번 기회에 센스 있는 여자가 되어보자구요!

초콜릿 만들기의 첫걸음

초콜릿 템퍼링

초콜릿을 만들기 전에 미리 알아두세요.

초콜릿의 주성분인 코코아버터는 35°C가 넘으면 완전히 녹아 다시 굳을 때 불안정한 결정이 생기게 됩니다. 템퍼링은 이것을 방지하기 위한 기본 작업이지요. 템퍼링이 잘 되면 초콜릿에 반짝반짝 광택이 나고 잘 굳을 뿐 아니라 몰드(초콜릿 틀)에서 잘 분리된답니다. 오랫동안 보관해도 모양이나 맛이 쉽게 변하지 않아요.

초콜릿에 완성 후 하얀 무늬가 생기는 것을 '블루밍 상태'라고 하는데 템퍼링을 잘못 하거나 최적의 상태로 보관하지 않은 경우에 주로 생기지요. 먹을 수는 있지만 부드러운 맛은 많이 떨어지니 꼭 직사광선을 피해 서늘한 곳에 보관하세요.

그럼 초콜릿 템퍼링 과정을 자세히 배워볼까요?

1 커버처초콜릿을 녹이기 쉽도록 잘게 다져요.

커버처초콜릿은 템퍼링 과정을 거치지 않은 덩어리 초콜릿을 말해요. 다크 초콜릿, 밀크 초콜릿, 화이트 초콜릿 세 종류가 있는데 이것을 가공하여 다양한 초콜릿을 만들지요.

2 중탕 볼(스테인리스 볼)에 넣어주세요.

사진보다는 더 잘게 다져주세요.

3 냄비에 60~70°C 정도의 따뜻한 물을 담아 온도계를 꽂고 주걱으로 살살 섞어가며 초콜릿을 골고루 녹여주세요.

이때 초콜릿 안으로 물이 들어가서는 절대 안 돼요. 꼭 주의하세요! 물이나 이물질이 들어가면 초콜릿이 결정을 이루며 엉겨 붙으니 주의하세요.

4 옆에 초콜릿을 식힐 얼음물을 미리 준비해두세요.

5 3번의 초콜릿을 계속 주걱으로 저어 녹이면서 온도를 맞춰주세요.

다크 초콜릿은 45~50℃, 밀크 초콜릿은 43~45℃, 화이트 초콜릿은 40~42℃에 맞춰주세요.

6 정해진 온도로 올라가면 준비해둔 얼음물 위에 띄우고 주걱으로 저어서 다시 초콜릿을 식혀주세요.

바닥 부분부터 굳으니 잘 저어주세요. 이때도 절대 물이 들어가서는 안 됩니다!

7 얼음물 위에서 다크 초콜릿은 27℃, 밀크 초콜릿은 26℃, 화이트 초콜릿은 25℃가 될 때까지 식혀주세요.

8 적당한 온도로 식으면 다시 따뜻한 물이 있는 냄비에 올려 온도를 조금 높여주세요.

다크 초콜릿 32℃, 밀크 초콜릿 31℃, 화이트 29℃로 온도를 살짝 높여주세요. 이것은 초콜릿을 빠르게 굳히고, 최적의 광택을 만들기 위한 과정이에요. 이때도 초콜릿에 물이 들어가면 절대 안 돼요.

9 드디어 템퍼링 과정 완료.

이 상태로 몰드에 넣거나 과일이나 아몬드 등에 입혀 코팅을 하면 되지요.

입 안에 넣는 순간 사르르
프레시초콜릿

입 안에 넣자마자 사르르 녹는 프레시초콜릿.
모두가 좋아하는 초콜릿이지요.
고품질의 코코아를 사용하면 더욱 맛있어요.

 재료 (25개분)

다크 커버처초콜릿	250g
생크림	120g
다진 건과일	30g
물엿	10g
코코아가루	적당량

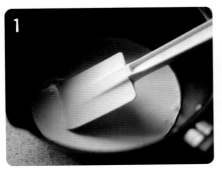

냄비에 생크림을 넣고 살짝 끓이다가

물엿을 넣어 섞고

커버처초콜릿을 다져 넣고 잘 저어 녹인 후 다진 건과일을 넣어요.

사각틀에 비닐이나 랩을 씌우고 3번에서 녹여놓은 초콜릿을 부어

차가운 곳에서 식혀요.

반나절 후에 초콜릿이 단단하게 굳으면

칼로 사각 모양으로 썰어요.

코코아가루에 굴리면 완성.

코코아가루는 손을 대면 금방 녹으니 숟가락이나 도구를 이용해 묻히는 것이 좋아요.

고소함과 달콤함의 극치!
마치판초콜릿

쫀득쫀득 캐러멜 같은 고소한 초콜릿이에요.
마치판을 이용해 개성 있는 나만의 초콜릿을 만들어보세요.

 재료(8개분)

밀크 커버처초콜릿	120g
마치판	50g
헤이즐넛가루	8개
코코넛가루	적당량
구운 코코넛가루	적당량
커피맛 코코넛가루	적당량
아몬드크로칸트	적당량

1

마치판은 적당한 크기로 자른 후 밀대로 납작하게 밀어 안에 헤이즐넛이나 아몬드 같은 견과류를 넣고 모양을 잡아요.

2

초콜릿 템퍼링은 292쪽을 참고하세요.

잘게 다져 중탕으로 녹인 초콜릿에 담가 코팅하고

3

커피맛 코코넛가루, 구운 코코넛가루, 아몬드크로칸트 등 다양한 굴림용 재료를 준비하고

4

3번에서 준비한 재료에 굴려 옷을 입혀요.

5

차가운 곳에서 굳히면 완성.

 아키라의 맛있는 이야기

마치판이란?

설탕과 아몬드를 갈아 만든 페이스트랍니다.
찰흙처럼 어떤 모양도 만들 수 있으며 쿠키 틀 등으로
찍어 초콜릿을 코팅하면 고소하고 맛있는 초콜릿이 되지요.

쫀득쫀득 부드러운

초콜릿미니타르트

초콜릿가나슈 위에 고소한 견과류와 말린 과일을 올려
만든 미니타르트예요. 초콜릿이 딱딱하지 않고 쫀득쫀득
부드러워요. 하나씩 포장해서 사랑하는 사람에게 선물하세요.

재료(8~10개분)

타르트 반죽

중력분	180g
버터	120g
달걀노른자	1개
소금	1/2작은술
우유	30g

초콜릿가나슈

밀크 커버처초콜릿	120g
생크림	50g
건조오렌지필	30g

필링

피스타치오	적당량
헤이즐넛	적당량
캐슈너트	적당량
아몬드	적당량
다진 건과일	적당량

타르트 반죽은 18쪽을 참고하세요.

타르트 반죽은 머핀 틀이나 작은 틀에 담아 모양을 내주고

180°C로 예열된 오븐에서 15~20분간 구워요.

살짝 끓인 생크림에 다진 커버처초콜릿을 넣어 녹이고

건조오렌지필을 넣어 섞으세요.

완성된 초콜릿 가나슈를 구운 타르트에 담아

각종 과일과 견과류를 올리고 시원한 곳에서 굳히면 완성.

어른들을 위한
모카초콜릿

커피의 쌉싸래한 맛이 독특한 맛을 자아내는 모카초콜릿.
어른들이 특히 좋아하지요. 다크 초콜릿의 깊은 맛과
커피 향의 조화가 정말 매력적이랍니다.

 재료(12개분)

다크 커버처초콜릿	150g
생크림	30g
에스프레소	1작은술

초콜릿은 칼로 다지고

생크림은 살짝 끓여요.

생크림에 초콜릿을 넣어 녹인 다음

에스프레소나를 넣고

함께 잘 섞어요.

짤주머니에 초콜릿을 넣은 다음 별깍지를
끼우고

유산지컵에 모양을 내 짜서 굳혀주세요.

부드러운 달콤함에 주독되는
가나슈초콜릿

어디선가 맛보았던 익숙한 맛이지만 무엇인가 독특한 맛!
가나슈초콜릿을 한 입 베어 무는 순간 숨어 있던 가나슈가
꿀처럼 새어나와 온 입 안을 달콤하게 물들인답니다.

 재료 (20~30개분)

화이트 커버처초콜릿	180g
코팅용 커버처초콜릿	150g
트러플셸	20~30개
생크림	100g
버터	40g
건조오렌지필	25g
오렌지술	1큰술
물엿	1큰술

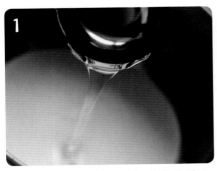

1

살짝 끓인 생크림에 물엿을 넣어 잘 섞고

2

다진 화이트 초콜릿을 넣고 잘 녹인 다음

3

오렌지술이 없으면 생략해도 괜찮아요.

건조오렌지필, 버터, 오렌지술을 넣고 잘 섞어 가나슈를 만들어요.

4

트러플셸 안에 가나슈를 넣고

5

녹인 초콜릿으로 입구를 막아요.

6

초콜릿 템퍼링은 292쪽을 참고하세요.

녹인 커버처초콜릿에 겉부분을 코팅해

7

반을 갈라보면 부드럽고 달콤한 가나슈가 가득하지요.

약간 덜 굳었을 때 철망을 이용해 모양을 내거나 다양한 재료 위에 굴리면 완성.

 아키라의 맛있는 이야기

1 트러플셸이란?

속이 비어 있는 동그란 초콜릿을 말하지요. 속에 가나슈나 견과류를 넣어 다양한 초콜릿을 만들 수 있답니다.

2 가나슈란?

끓인 생크림과 초콜릿을 섞어 만든 것을 말하지요. 가나슈의 기본 재료는 생크림 (또는 휘핑크림)과 초콜릿이에요. 물엿, 버터, 견과류, 건과일, 술, 퓌레, 각종 차 분말 등을 첨가해 다양한 맛을 만들 수 있어요. 생크림과 초콜릿의 비율은 1:1이 지만 취향에 따라 1:2 또는 2:1의 비율로 변형해보세요.

초보자들이 자주 하는 질문들

Q 어떤 오븐을 고르는 것이 좋나요?

A 일반적으로 오븐의 종류에는 가스오븐, 미니 전기오븐, 오븐토스터 등이 있습니다. 가스오븐은 대부분 대용량이기 때문에 한 번에 많은 양을 구울 수 있어 좋지만 불 조절이 어렵고 예열 시간이 오래 걸리며 가스비가 많이 나오는 단점이 있습니다. 가정에서 많이 쓰는 미니 전기오븐은 보통 전자레인지 정도의 크기라 부엌에서 사용하기에 아주 편리합니다. 예열 시간이 짧고 불 조절이 쉬우며 다양한 기능을 갖추고 있어 매우 실용적입니다. 크기는 작지만 요리에서 베이킹까지 모두 가능하고 사이즈에 맞는 틀들도 많이 나와 베이킹을 자주 하는 분들도 미니 전기오븐을 많이 선택하는 추세입니다. 오븐토스터는 크기가 작아 부담 없이 쓸 수 있습니다. 다만 크기가 너무 작다 보니 식빵을 굽거나 아주 적은 양의 쿠키만 구울 수 있습니다. 치즈 등을 녹이거나 간단한 요리를 하기에는 적당하나 오븐을 돌릴 수 있는 시간이 제한돼 있는 경우가 많아 본격적인 베이킹을 하기에는 부족한 점이 많습니다.

Q 머랭이 잘 안 만들어져요.

A 달걀흰자로 거품을 내어 머랭을 만들 때 아무리 휘핑해도 머랭이 만들어지지 않는 경우가 있습니다. 달걀흰자는 차가운 상태일 때 거품이 잘 납니다. 그래서 볼이나 도구 등을 모두 차갑게 해야 머랭이 잘 만들어집니다. 설탕을 두세 번에 나눠 조금씩 넣으며 휘핑을 하는데 이때 볼이나 휘핑기 등 도구에 물이나 다른 이물질이 들어가지 않게 조심해야 합니다. 물방울이나 달걀노른자가 조금이라도 들어가면 머랭이 절대 만들어지지 않으니 이 점만 주의하면 머랭을 만드는 데 실패하지 않을 거예요.

Q 레시피 그대로 구웠는데 타거나 익지 않아요

A 오븐은 같은 회사의 같은 모델이라고 해도 제품에 따라 약간의 온도 차이가 있습니다. 자주 쓰다 보면 자기가 가지고 있는 오븐의 특성에 대해 누구보다 잘 알게 될 거예요. 오븐에 따라 적절하게 온도를 조절하여 쓰는 요령이 필요하답니다.

Q 빵은 어떻게 보관하나요?

A 빵은 케이크와 달리 갓 구워냈을 때가 가장 맛있습니다. 보관이 필요할 때는 밀폐 용기나 비닐에 넣어 실온에서 보관했다가 드시는 것이 좋습니다. 잘 봉하지 않고 실온에 그냥 두면 수분이 날아가 딱딱해지거든요. 좀 더 오래 보관하고 싶다면 냉장실보다 냉동실에 넣어두고 먹기 전에 꺼내어 오븐에 살짝 구워주는 게 좋답니다.

Q 이스트가 빵 속에 박혀 있어요.

A 이스트에는 크게 생이스트와 드라이이스트, 인스턴트 드라이이스트가 있는데 밀가루에 그냥 섞어 써도 되는 인스턴트 드라이이스트와 달리 슈퍼마켓에서도 쉽게 구할 수 있는 드라이이스트는 따뜻한 물에 개어놓는 전 처리 과정을 거친 후 재료에 섞어 쓰셔야 해요. 전처리 과정을 생략하고 밀가루에 넣으면 녹지 않고 알갱이째 빵 속에 박혀 있답니다. 물론 발효가 잘되기도 어렵겠지요?

Q 빵을 한 번에 굽지 못할 때 남은 반죽은 과발효가 되지 않을까요?

A 오븐에 들어간 빵이 구워지는 동안 발효가 다 된 나머지 빵 반죽은 과발효가 되기 십상이지요. 이런 경우엔 2차 발효를 시킬 때, 먼저 구울 빵들은 오븐 발효를 시키고 그 다음에 구울 빵들은 실온 발효를 시켜 발효에 시간차를 두면 됩니다. 또는 나중에 구울 빵 반죽을 팬 채로 잠시 냉장실에 넣어두었다 사용해도 되고요.

Q 빵 반죽이 너무 질거나 될 때는 어떻게 하죠?

A 원래 빵 반죽을 질게 하거나 되게 해야 하는 경우도 있지만 그렇지 않을 땐 계절이나 반죽 방법 때문일 수도 있습니다. 반죽에 들어갈 물의 양 중 10% 정도는 남겨두었다가 반죽의 상태를 보면서 가감해주시는 것이 좋습니다.

Q 유염 버터와 무염 버터는 뭐가 다른가요?
A 제과제빵 레시피에는 기본적으로 무염 버터를 쓰고 있습니다. 유염 버터에는 2% 미만의 소금 성분이 들어가 있기 때문에 유염 버터를 쓰면 그만큼 소금의 양을 제하고 넣어야 한답니다.

Q 빵 반죽을 할 때 버터는 왜 처음부터 넣지 않나요?
A 버터를 처음부터 넣으면 밀가루가 물을 흡수하여 글루텐을 만드는 데 방해가 되기 때문에 반죽 시간이 길어집니다. 밀가루가 물을 충분히 흡수하여 반죽이 한 덩이로 잘 뭉쳐졌을 때 버터를 넣으면 반죽 시간도 그만큼 짧아지게 되지요.

Q 덧밀가루는 왜 강력분을 쓰는 건가요?
A 덧밀가루를 쓰는 목적은 주로 반죽이 질어 모양을 내기 어려울 때 손이나 작업대에 반죽이 달라붙는 걸 방지하기 위해서지요. 박력분과 달리 강력분은 입자가 굵고 잘 뭉쳐지지 않는 성질을 갖고 있어서 덧밀가루로 쓰고 난 후 쉽게 털어낼 수 있어 좋습니다.

Q 박력분과 강력분을 어떻게 구분하지요?
A 밀가루를 손으로 꾸욱 쥐었다 놓아보세요. 박력분은 입자가 곱고 촉촉하기 때문에 잘 뭉쳐지지만 강력분은 거친 입자와 잘 뭉쳐지지 않는 성질 때문에 그냥 허물어진답니다.

Q 스펀지케이크가 굽고 나면 자꾸 꺼져요.
원인 1 유지와 설탕, 베이킹파우더 양이 정확하지 않을 때 꺼지게 됩니다. 가능하면 전자저울로 정확하게 계량하는 것이 매우 중요합니다.
원인 2 달걀에 중탕(40℃ 내외)으로 달걀을 따뜻하게 해준 다음 설탕을 넣고 녹이는 과정이 중요합니다. 설탕이 녹은 것을 확인한 후 중탕 볼에서 꺼내어 힘차게 휘핑해야 합니다.
원인 3 가루류를 섞을 때 세로로 자르듯 섞어야 해요. 밀가루가 잘 섞이지 않으면 덩어리가 생기고 너무 섞이면 납작하고 딱딱한 스펀지케이크가 나온답니다.

원인 4 오븐 온도가 너무 낮을 때도 꺼지는데, 적정 온도로 예열된 오븐에 넣고 오븐 문을 자주 열어보지 않는 게 스펀지케이크를 성공적으로 구울 수 있는 방법입니다.

Q 머핀이나 파운드가 퍽퍽해요.
A 낮은 온도에 오래 굽게 되면 수분이 날아가 퍽퍽해진답니다. 적정 온도에서 적정 시간 동안 구워내야 수분 손실을 막을 수 있습니다. 오븐에서 꺼낸 후에는 한 김 식혀서 밀봉 보관하시는 게 좋아요.

Q 쿠키 모양이 퍼져서 속상해요.
A 이럴 경우 문제는 버터의 상태에 있는데요, 지나치게 실온화되어 무른 상태의 버터 또는 전자레인지에서 급하게 녹여 부분적으로 분리된 상태의 버터 등이 퍼지게 하는 원인일 수 있습니다. 버터는 사 오는 도중 이미 어느 정도 실온화되어 있으니 작게 깍둑썰기 해서 보관하면 다음에 좀 더 고르고 빠르게 실온화할 수 있어요. 실온의 버터라 하더라도 너무 무르지 않고 손가락으로 눌렀을 때 약간 힘주어 들어가는 정도가 가장 적당합니다.

Q 아이싱 쿠키에 그림을 그릴 때 자꾸 흘러내려요.
A 아이싱은 반죽의 되기가 중요해요. 쿠키에 색을 채우기 위해 선을 그리거나 채워진 면 위에 선으로 꾸미는 용도로 사용하는 아이싱은 고무주걱으로 들어 올렸을 때 뚝뚝 떨어지는 약간 되직한 정도가 좋고, 선을 그려놓고 안을 채우는 용도의 아이싱은 고무주걱으로 들어 올렸을 때 주르륵 흐르는 정도가 좋아요. 그리고 산성인 레몬즙이 단백질인 달걀흰자와 만나면 색도 하얗게 되고 빨리 굳게 하기 때문에 꼭 넣어주는 것이 좋습니다.

Q 쿠키가 너무 딱딱해요.
A 수제비 반죽하듯 여러 번 반죽하고 각 잡는다고 계속 손으로 조물조물할수록 쿠키는 더욱 딱딱해집니다. 특히 샤브레같이 모래알 부서지듯 부드럽게 씹히는 쿠키의 질감을 위해서라면 과하게 반죽하지 마세

요. 오븐에서 너무 과하게 구워져 수분이 거의 없을 경우에는 레시피에 나와 있는 조리 시간을 기준으로 하되 자신의 오븐에 맞춰 가감하며 조절하세요.

Q 과자가 바삭하지 않아요.

Check 1 아직 수분을 더 날려야 하는데 겉색만 보고 너무 일찍 꺼내지 않았는지요. 본인의 오븐에 맞춰 꺼내기에 적당한 시간을 찾으셔야 합니다.

Check 2 아직 뜨거운 온기가 남아 있을 때는 재료들이 안정화되지 않았기 때문에 쉽게 부서지거나 촉촉한 느낌이 드실 수 있어요. 한 김 식힌 후 드셔보세요.

Check 3 아무리 잘 구워냈다 해도 수분이 많은 장소이거나 비가 오는 날에는 수분이 적은 과자가 수분을 흡수합니다. 튀일의 경우는 고무처럼 흐물거릴 때도 있어요. 그래서 비가 많고 더운 여름보다는 선선한 봄, 가을에 먹는 과자가 더 맛있답니다.

Check 4 수분이 적은 과자는 수분이 많은 케이크나 빵과 함께 보관할 경우 그 수분을 흡수해 눅눅해질 수 있어요. 일단 구워낸 쿠키는 습기제거제와 함께 따로 밀폐 용기에 담아 보관하세요.

Q 타르트 틀보다 높이가 낮게 구워져 나와요

A 타르트 틀에 반죽을 채워넣고 구웠는데 틀보다 높이가 낮게 나와 속상하다는 이야기를 자주 듣는데요. 반죽을 넣을 때 타르트 틀의 벽면과 바닥 사이의 공간 구석구석까지 꼭꼭 채워 넣는 것이 중요하답니다. 그 사이에 공간이 조금이라도 있으면 구워지면서 벽면의 반죽이 녹아내려 전체적인 높이도 낮아지게 되거든요.

먼저 넓게 편 반죽을 틀에 넣고 틀째로 바닥에 한두 번 살짝 내리쳐 반죽을 바닥과 밀착시킨 후 모양을 잡을 때 엄지손가락으로 틀의 벽면과 바닥이 만나는 곳을 꼼꼼히 채워넣으세요. 그리고 남은 여분을 잘라낼 때는 바깥쪽보다 안쪽이 조금 높아지는 사선 느낌으로 칼등을 밀며 잘라내세요. 처음엔 좀 번거롭게 느껴지시겠지만 자주 하다 보면 익숙해지실 거예요. 여러번 해보는 게 제일 좋은 방법이랍니다.

Q 타르트 반죽이 녹아 틀로 옮기기가 너무 힘들어요.

A 작업하는 환경이 더운 여름이거나 아직 밀대로 미는 것이 서툴러 오랜 시간 실온에서 반죽하다 보면 반죽이 녹아 흐물거려 틀로 옮기기가 힘들어지죠. 이럴 땐 반죽을 미는 과정 중간중간 냉장고에 넣어 차게 했다가 다시 꺼내 반죽하는 과정을 반복하면서 작업해주세요. 그럼 좀 더 수월하게 틀로 옮기실 수 있을 거예요.

Q 버터 반죽에 달걀을 섞으니 몽글몽글 분리돼요.

A 버터는 유분, 달걀은 수분으로 그 성질이 달라 자칫하면 쉽게 분리가 된답니다.

Check 1 차가운 달걀을 그냥 사용하셨나요? 달걀의 실온화가 제일 중요한데요. 실온 상태의 버터에 냉장고에서 꺼낸 달걀을 바로 넣으면 그 온도차로 인해 당연히 분리가 되겠죠? 달걀을 실온에 꺼내놓는 것을 깜빡했다면 미지근한 물에 잠시 담가 굴려주세요. 뜨거운 물에선 익을 수도 있으니 미지근한 물에서 굴려 실온화한 후 섞어주세요.

Check 2 달걀을 한꺼번에 넣으셨나요? 대부분의 레시피에 설명되어 있듯 아주 적은 양인 경우를 제외하고는 달걀을 두세 번에 나누어 섞어줍니다. 조금씩 섞어가며 반죽을 유화시키면 분리되지 않고 고르게 섞을 수 있어요.

Q 베이글이 너무 딱딱해요.

A 베이글은 구운 후 시간이 지나면 딱딱해지기 마련이에요. 특유의 쫀득함을 느끼려면 데워주는 것이 좋습니다. 전자레인지에 30초 정도 돌리거나 오븐을 이용해 따뜻하게 데워주면 처음 그 맛 그대로 쫀득쫀득함을 느낄 수 있습니다.

Q 피자를 만들 때 동그란 모양을 만들기가 힘들어요.

A 1차 발효가 끝나고 모양을 만들 때 반죽이 너무 질겨 납작하고 동그란 피자 도우를 만들기 어려울 때가 있습니다. 이때에는 중간 발효를 충분히 시켜주세요. 10~15분간 중간 발효를 해준 반죽은 모양 잡기에 딱 좋은 상태가 됩니다. 이때 가장자리를 잡고 동그랗게 펼쳐주면서 모

양을 잡으면 보기 좋은 피자 도우를 만들 수 있습니다. 밀대로 미는 것보다는 손으로 만져 납작하게 만드는 것이 맛있는 도우를 만드는 비법입니다.

Q 견과류를 빵에 넣었는데 쓸쓸한 맛이 나요.
A 호두나 피칸, 아몬드 등 여러 가지 견과류를 빵이나 케이크, 쿠키 등에 넣을 때 종종 쓴맛이 나는 경우가 있습니다. 이럴 때에는 전처리가 잘못되었을 경우가 많은데, 견과류를 따뜻한 물에 잘 씻은 다음 건져 물기를 제거하고 달군 프라이팬에 한 번 살짝 볶아주세요. 그런 다음 식혀서 빵에 넣으면 쓸쓸한 맛을 없앨 수 있습니다. 오븐을 이용할 경우에는 오븐팬에 잘 씻어 말린 견과류를 얇게 깔고 200~220℃ 정도에서 5~10분간 구우면 됩니다.

Q 초콜릿 템퍼링을 꼭 해야 하나요?
A 일반적으로 초콜릿을 만들 때 커버처초콜릿을 템퍼링하는 과정을 꼭 거칩니다. 템퍼링을 제대로 하지 않으면 만들어진 초콜릿에 광택이 나지 않고, 잘 굳지 않으며, 몰드(초콜릿 틀)에서 잘 분리되지 않습니다. 하지만 제대로 템퍼링하는 것이 어려우므로 이럴 때에는 시중에 판매하는 '코팅 초콜릿'을 구입하셔도 됩니다. 템퍼링이 전혀 필요 없고 그냥 녹여 사용하면 되어 편리합니다.

Q 초콜릿 몰드가 뭔가요? 몰드는 어디서 사나요?
A 몰드는 바로 초콜릿 틀입니다. 플라스틱이나 실리콘으로 만들어진 여러 가지 모양의 초콜릿 틀로 종류가 다양합니다. 초콜릿 쇼핑몰이나 베이킹 도구를 파는 방산시장 등에서 판매하고 있습니다.

Q 초코펜은 어떻게 사용하나요?
A 초코펜은 말 그대로 튜브 안에 굳은 초콜릿이 들어 있는 것이랍니다. 녹여서 펜처럼 쓸 수 있기에 '초코펜'이라고 하지요. 초코펜을 긴 컵이나 그릇에 담아놓고 60~70℃의 따뜻한 물을 부어 안에 있는 초콜릿을 녹이면 됩니다. 초코펜이 말랑말랑해지면 물기를 닦고 뚜껑을 열어

잘 나오는지 확인한 다음에 짜서 사용하면 됩니다.

Q 어떤 원두를 구입하는 게 좋을까요?
A 집에 그라인더(핸드밀, 전동 그라인더)가 있다면 원두 상태로 구입하세요. 커피는 신선도가 중요한데 갈아져 있는 커피가루는 신선도가 빨리 떨어진답니다. 아무래도 원두 상태보다는 산소와의 접촉이 많기 때문에 그렇겠죠? 가정에서도 신선한 원두를 구입해 커피를 마시기 전 바로 갈아서 드시는 게 제일 좋아요. 집에 그라인더가 없다면 소량의 양만 구입해 빨리 먹는 것이 최선입니다.

베이킹 도구 & 재료 구입처

온라인 쇼핑몰

오븐엔조이 www.ovennjoy.com
다양한 오븐과 각종 오븐 도구들, 베이킹 도구와 재료들을 판매하고 있는 곳. 사이트 회원이 되면 훨씬 저렴한 가격에 재료와 도구들을 구입할 수 있어요.

호시노앤쿠키스 www.hosino.co.kr
베이킹에 필요한 예쁘고 아기자기한 부속 재료들을 판매하는 곳이에요. 특히 포장 재료나 티 도구와 티, 스타일리시한 키친 도구들이 다양하게 준비되어 있는 곳이지요.

해피베이킹 www.happybaking.com
베이킹 재료와 도구를 판매하는 곳으로 방산시장에도 오프라인 매장이 있어요. 특히 일본에서 수입한 예쁜 포장 재료들이 많아요.

함지 www.urdish.com
베이킹 재료와 도구를 판매하고 있어요.

엘리스키친 www.alicekitchen.co.kr
베이킹 도구와 포장 재료를 살 수 있는 곳으로 외국에서 수입한 티, 찻잔, 그릇류, 문구류를 구비해놓은 곳이에요.

민트모리 www.mintmori.com
일본에서 들여온 베이킹 도구가 가득한 사이트예요.

방산시장

방산시장에는 베이킹 관련 쇼핑몰들이 밀집해 있어요. 베이커라면 꼭 알아두어야 할 곳이지요. 하지만 요즘은 온라인으로 구매하는 사람들이 부쩍 많아 방산시장 매장들이 대부분 온라인 쇼핑몰도 함께 운영하고 있어요.

방산시장 찾아가는 법
2호선 을지로 4가역 6번 출구로 나와 조금만 직진하면 방산시장 간판이 보입니다.

베이킹 도구와 포장 재료 판매하는 곳

청솔&청명 02-2263-6558 www.bangsan365.com
지하부터 지상까지 대규모의 매장을 운영하고 있어요. 베이킹 포장재 외에도 비누 포장재, 문구, 지류 등 다양한 제품들을 판매하고 있어요. 다양한 포장 용기들이 많고 대량으로 구매하기에 좋아요.

서흥 E&pack 02-2279-1955 www.sh-eshop.co.kr
자체 제작한 다양한 디자인의 포장재뿐만 아니라 일본에서 수입한 포장재들이 다양하게 구비된 곳이에요. 매장이 넓고 물건이 잘 진열돼 있어 방산시장을 찾는 대부분의 사람들이 이곳을 다녀가지요. 낱개나 소량으로도 구매할 수 있어 홈베이커들에게 유용합니다.

포장119 02-2273-1192 www.package119.com
세계적인 후식 용기 제조사인 일본 동광사(Toko co,. ltd.)의 제품들을 직수입하여 판매하는 곳. 작은 공간이지만 고급스러운 포장재와 용기들이 많아 걸음을 멈추게 하는 곳이지요.

d&b(구 대우공업사) 02-2267-2843 www.bakeryeng.co.kr
각종 베이킹 틀을 비롯한 오븐, 믹서기 등 자체 제작한 가정용, 업소용 제과 기구를 판매하는 대형 매장이에요.

새로포장 02-2274-1431 www.saeropack.co.kr
종이 쇼핑백, 각종 박스, PP 봉투, 리본, 일회용 틀 등 각종 포장 재료들을 판매하는 곳이에요. 자체 제작한 것 외에도 일본, 이탈리아에서 직수입한 용기들이 많이 구비되어 있어요.

열린프린택 02-2278-3545,3546
다양한 디자인의 스티커와 태그를 제작하여 소량으로도 판매하는 곳이에요. 크라프트 용지, 크라프트 스티커 용지 등 인쇄 용지와 재활용 포장재, 박스 등을 판매합니다.

창림포장(구 재승포장) 02-2266-1617
다양한 케이크 상자, 떡 상자를 판매하는 곳. 도매 위주지만 소매도 가능합니다.

경훈공업사 02-2275-5902 www.kyounghoon.co.kr
베이킹 도구 및 기계를 판매하는 대형매장. 필요에 따라 주문 제작을 의뢰할 수 있어요.

베이킹 식재료 판매하는 곳

의신상회 02-2265-1398
드라마 '내이름은 김삼순'에도 등장했던 바로 그 매장이랍니다. 다양하고 신선한 식재료와 베이킹 재료들을 판매하고 있습니다.

카우식품 02-2273-4533 www.cow2004.com
제과제빵 및 식품첨가물 전문 상점. 다양한 식재료와 소량의 포장재를 구매하실 수 있어요.

진진상회 02-2265-6529 www.ejinjin.com
제과제빵 재료를 도소매로 취급하는 곳.

브레드가든 02-2285-2702 www.breadgarden.co.kr www.ezbaking.com
제과제빵 재료, 도구 및 포장재를 판매하는 곳.

새로핸즈 02-2211-1111 www.saerohands.com
'새로포장'과 같은 업체로 베이킹 포장 재료 외에 비누 재료와 포장 재료들을 다양하게 구비해놓았어요. 일정에 따라 비누 제작과 홈베이킹 시연 행사도 진행합니다.

로맨틱한 그릇을 구입할 수 있는 곳

피숀 cafe.naver.com/pishon
신세계 본점 02-310-1490
강남점 02-3479-1471

Index

오븐 청소 노하우

1. 고온에서 젖은 행주로 닦아주세요

음식물과 여러 가지 기름 때로 오븐이 더러워졌을 때에는 오븐을 고온(240℃)으로 10분 정도 가열했다가 조금 식혀 여열이 남아 있는 상태에서 따뜻한 물에 적신 행주로 오븐의 유리 부분과 내부를 골고루 닦아줍니다. 따뜻한 상태에서 닦아야 묵은 때가 잘 닦입니다. 이때 화상을 입지 않도록 각별히 주의하세요. 오븐은 사용 후 그때그때 닦아주는 것이 가장 좋습니다.

2. 마른 행주로 다시 한번 닦아주세요

젖은 행주로 닦은 다음 다시 마른 행주로 닦아주세요.

3. 베이킹소다를 사용해보세요

오븐 내·외부의 묵은 때를 청소할 때 베이킹소다를 이용해보세요. 세제보다 훨씬 깔끔하게 청소할 수 있어요. 베이킹소다를 물에 타서 행주에 묻혀 사용하거나 젖은 수건으로 오븐을 한번 닦아준 다음 베이킹소다를 뿌려놓았다가 30분 정도 후에 행주로 닦아주면 묵은 때들이 깨끗하게 제거됩니다.

오븐엔조이
홈베이킹

2008년 11월 28일 | 초판 1쇄 발행
2015년 8월 5일 | 초판 16쇄 발행

지은이 | 미애, 바닐라, 밍킹, 아키라
발행인 | 이원주

임프린트 대표 | 김경섭
기획편집 | 한선화·김순란·강경양·한지은
디자인 | 정정은·김덕오
마케팅 | 노경석·조안나·이철주·이유진
그릇 협찬 | 피숀

발행처 | 미호
출판등록 | 2011년 1월 27일(제321-2011-000023호)

주소 | 서울특별시 서초구 사임당로 82
전화 | 편집 (02) 3487-1650 · 영업 (02) 3471-8046

ISBN 978-89-527-5384-7 13590

LOVE

L is for the way you Look at me
O is for the Only One I see
V is Very, Very extraordinary
E is Even more than anyone that you adore can

Love is all that I can give to you
from. HERA

LOVE

L is for the way you Look at me
O is for the Only One I see
V is Very, Very extraordinary
E is Even more than anyone that you adore can

Love is all that I can give to you
from. HERA

LOVE

L is for the way you Look at me
O is for the Only One I see
V is Very, Very extraordinary
E is Even more than anyone that you adore can

Love is all that I can give to you
from. HERA

LOVE

L is for the way you Look at me
O is for the Only One I see
V is Very, Very extraordinary
E is Even more than anyone that you adore can

Love is all that I can give to you
from. HERA

LOVE

L is for the way you Look at me
O is for the Only One I see
V is Very, Very extraordinary
E is Even more than anyone that you adore can

Love is all that I can give to you
from. HERA

LOVE

L is for the way you Look at me
O is for the Only One I see
V is Very, Very extraordinary
E is Even more than anyone that you adore can

Love is all that I can give to you
from. HERA

Vanilla's Special Lesson

홈베이킹 선물 포장

태그와 포장지를 오려
선물 포장에 활용해보세요.

L

IS FOR THE
WAY YOU
LOOK AT ME

Love is
all that I can give
to you

O

IS FOR THE
ONLY ONE
I SEE

Love is
all that I can give
to you

V

IS
VERY, VERY
EXTRAORDINARY

Love is
all that I can give
to you

E

IS EVEN MORE
THAN ANYONE
THAT YOU ADORE
CAN

Love is
all that I can give
to you

LOVE

L IS FOR THE WAY YOU LOOK AT ME
O IS FOR THE ONLY ONE I SEE
V IS VERY, VERY EXTRAORDINARY
E IS EVEN MORE THAN ANYONE THAT YOU ADORE CAN

Love is all that I can give to you

홈베이킹 선물 포장

태그와 포장지를 오려
선물 포장에 활용해보세요.

Happy Holydays

design by VANILLA
www.byvanilla.com

from.

from.

with
LO
VE
from.

with
LO
VE
from.

with
LO
VE
from.

I LOVE YOU
from.

I LOVE YOU
from.

made with PURE
HOMEMADE COOKIE
by

made with PURE
HOMEMADE BREAD
by

made with PURE
HOMEMADE CAKE
by

made with PURE
HOMEMADE CHOCOLATE
by

made with PURE
HOMEMADE CHOCOLATE
by

made with PURE
HOMEMADE COOKIE
by

made with PURE
HOMEMADE BREAD
by

made with PURE
HOMEMADE CAKE
by

made with PURE
PIE
by

made with PURE
TART
by

made with PURE
PIE
by

made with PURE
TART
by